공대생을 위한
취업특급

공대생을 위한 취업 특급

박정호 지음

플루토

단순히 과학이 좋아서 이과를 선택했고 마침내 공대생이 되었다. 그러나 고등학교와는 차원이 다른 전공 수업 때문에 흥미를 잃은 채 헤맸고 정신을 차려보니 취업이라는 높은 관문 앞에 서 있었다. 더 이상 시간을 허비할 수는 없다고 다짐한 후 열심히 전공 수업을 들었고, 인턴 활동, 공모전 도전, 자격증 취득 등 좋은 역량을 갖추기 위해 노력했다.

이 과정에서 좌충우돌을 겪으며 가장 아쉬웠던 점은 진로와 취업에 관해 명확한 조언을 해줄 수 있는 선배나 멘토를 만날 기회가 적었다는 것이다. 수많은 인터넷 정보 가운데 나에게 꼭 필요한 정보만을 찾아 적용하는 일도 쉽지 않았다.

최근 대학생을 대상으로 하는 취업 멘토링 프로그램을 진행하면서 아직도 이런 상황이 계속되고 있다는 것을 알게 되었다. 더욱이 코로나19 사태가 닥치면서 대학 재학생과 취업 준비생들의 어려움이 훨씬 커졌다. 비대면 수업이 늘고 대내외 활동 프로그램이 줄면서 소통할 수 있는 기회가 적어져 취업을 준비하는 일이 더욱 힘들어졌기 때문이다.

이러한 점에 큰 아쉬움을 느끼고 한 명의 '공대생 멘토'로서 책을 쓰기로 마음먹었다. 공대생으로 취업을 준비하며 직접 경험한 것들 가운데 무엇보다 성공적이고 효과적이었던 노하우를 추려 소개하고자 했다. 대기업과 공공기관에 합격했던 경험, 서류 심사위원과 면접위원으로 활동했던 경험을 녹여냈고 아울러 대학생 취업 멘토링을 진행하면서 멘티들로부터 가장 많은 공감을 이끌어낸 내용을 중심으로 쓰려고 했다.

《공대생을 위한 취업특급》은 크게 네 부분으로 구성되어 있다. 1장에서는 취업을 위해 미리 준비해야 할 부분들에 관해 설명했다. 학과 전공과 인턴 활동, 교내외 활동, 자격증 취득 등 대학생이라면 대부분 알고 있는 평범한 사항들이지만 효과적이고 구체적으로 준비할 수 있는 방법을 다루었다.

2장에서는 취업 준비에 필요한 실질적 노하우를 담았다. 공대생이 갈 수 있는 업종과 기업, 직무별 특징을 소개함으로써 기업 선택에 관한 가이드를 제시했다. 또한 서류 전형과 면접 전형 준비, 대처 방법에 관한 내용도 소개했다. 특히 자기소개서와 면접의 경우 실제 성공적인 취업으로 이어졌던 구체적인 예시를 소개해 취업 준비생들이 쉽게 이해할 수 있도록 구성했다.

3장에서는 취업 이후 사회 초년생이 해야 할 역량 계발을 다루었다. 직장 생활을 하며 성공적인 커리어 관리를 통해 평생 직업을 만드는 방법에 대해 설명했다.

4장에서는 멘토링 프로그램을 진행하며 공대생들과 함께했던 취업 상담을 실었다. 많은 사람이 고민하고 있는 취업에 관한 질문과 답변을 통해 독자들에게 도움이 되고자 했다.

《공대생을 위한 취업특급》의 내용이 정답도 아니고 모두에게 적합하다고 이야기할 수도 없다. 다만 그동안의 경험을 바탕으로 최대한 일반적이면서 구체적인 취업 노하우를 담으려고 노력했다. 이를 기반으로 각자 자신만의 취업 전략을 가지고 실천한다면 성공적인 결과를 얻을 것이라고 확신한다.

지금도 취업을 위해 달리고 있는 모든 취업 준비생들에게 도움이 되기를 바란다.

[차례]

**3장
취특
업글**

경력을 업그레이드하는 법

**4장
취특
올킬**

취업 고민을 해결하는 법

공대생의 취업 플랜

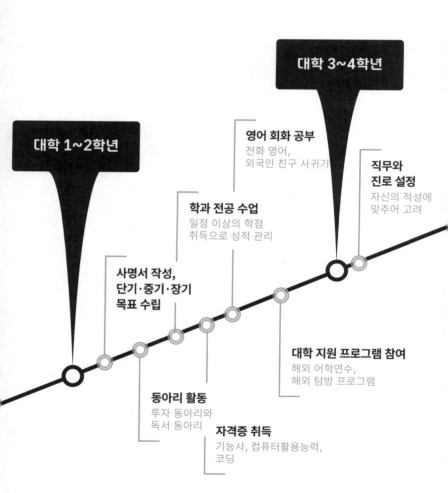

대학 3~4학년

대학 1~2학년

영어 회화 공부
전화 영어,
외국인 친구 사귀기

**직무와
진로 설정**
자신의 적성에
맞추어 고려

학과 전공 수업
일정 이상의 학점
취득으로 성적 관리

**사명서 작성,
단기·중기·장기
목표 수립**

대학 지원 프로그램 참여
해외 어학연수,
해외 탐방 프로그램

동아리 활동
투자 동아리와
독서 동아리

자격증 취득
기능사, 컴퓨터활용능력,
코딩

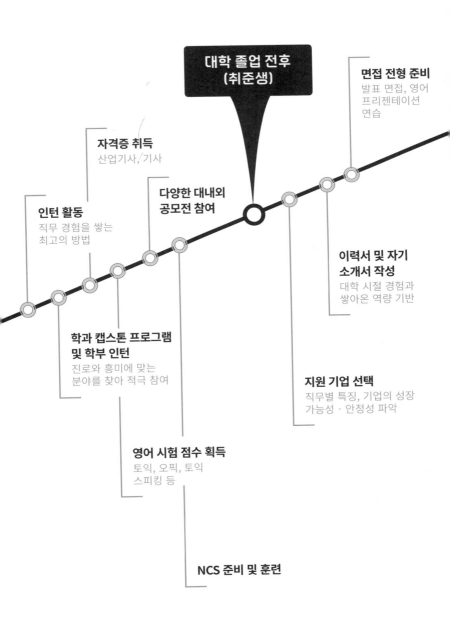

**대학 졸업 전후
(취준생)**

면접 전형 준비
발표 면접, 영어
프리젠테이션
연습

자격증 취득
산업기사, 기사

**다양한 대내외
공모전 참여**

인턴 활동
직무 경험을 쌓는
최고의 방법

**이력서 및 자기
소개서 작성**
대학 시절 경험과
쌓아온 역량 기반

**학과 캡스톤 프로그램
및 학부 인턴**
진로와 흥미에 맞는
분야를 찾아 적극 참여

지원 기업 선택
직무별 특징, 기업의 성장
가능성 · 안정성 파악

영어 시험 점수 획득
토익, 오픽, 토익
스피킹 등

NCS 준비 및 훈련

1장
취특
스킬

역량을
갈고닦는 법

2020년 교육부와 한국교육개발원이 조사한 대학 졸업자의 평균 취업률은 65.1퍼센트이다. 이 중에서 공학계열 취업률은 약 67.7퍼센트로 평균보다는 높지만 여전히 3명 중 1명 정도는 취업을 하지 못하는 것으로 나타났다. 많은 기업의 공채 규모가 줄어들고 수시 모집을 확대함에 따라 취업 준비생들의 경쟁도 치열해지고 있다. 자신이 원하는 기업은 다른 사람도 원하는 경우가 많기 때문에 만족스러운 곳에 취업하기는 더욱 어렵다.

보통 공과대학을 졸업하면 취업은 잘되는 편이라고 하지만 이런 상황을 보면 공대생에게도 취업의 문은 좁다. 공대생으로서 전공을 살려 성공적으로 취업할 수 있는 방법이 있을까? 결국 자신의 역량을 강화해야 한다. 취업에 필요한 자신만의 도구를 만들어야 하는 것이다. 취업은 단순히 실력만 있다고 할 수 있는 것도 아니다. 모든 면에서 제대로 준비되어 있어야 기회가 왔을 때 잡을 수 있는 확률이 높아진다.

'퍼스널 브랜딩'이라는 말이 있다. 나 자신을 브랜드화하는 것, '이것' 하면 특정한 사람이 딱 떠오를 정도로 브랜드 가치를 정립하는 것이다. 연예인, 정치인분만 아니라 이제는 일반인도 퍼스널 브랜딩을 해야 하는 시대다. 탄탄한 역량 계발을 통해 퍼스널 브랜딩을 확실하게 해놓은 취업 준비생은 채용 시장에서도 빛을 발한다. 이러한 사람은 자기소개서를 몇 줄만 읽어도, 면접에서 몇 마디만 나누어도 특별하다는 것을 느낄 수 있다.

퍼스널 브랜딩이 반드시 다른 사람과의 명확한 차별화를 의미하지는 않는다. 학생이나 사회 초년생 입장에서 확실한 퍼스널 브랜딩을 하기 어렵기도 하다. 자신의 다양한 지식과 경험을 기반으로 하는 역량을 '포트폴리오'화하여 쌓고 관리해가는 것이 바로 본인의 가치를 높여주고 취업 시장에서 충분히 빛을 발할 수 있다.

전문 역량
계발

전문 분야는 전공을 의미한다. 전공에 대한 능력은 학점이나 공신력 있는 관련 자격증 취득으로 증명해 보일 수 있다. 더 나아가 전공과 관련 있는 각종 경험, 즉 인턴 활동, 공모전이나 경시대회 참가 및 수상 기록 등이 있다.

학과 전공

학과 전공은 전문 역량 계발에서 가장 중요한 부분이다. 자신의 전공에 대해 전문가가 되어야 한다. 전공별로 배우는 내용과 공부 방법은 모두 다르지만 어떤 전공이든 전문가가 되려면 무엇보다도 과목을 수강할 때 해당 과목을 배우는 이유를 미리 생각해보아야 한다. 특히 공학은 실용 학문이기 때문에 전공 수업에서 배운 내용이 어디에 어떻게 적용되는지 아는 것이 중요하다. 그러면 훨씬 즐겁게 공부할 수 있다.

그런데 많은 재학생이 전공 수업의 목적을 간과하거나 잘 모른 채 듣기만 한다. 학교에서 정한 커리큘럼에 따라 일단 높은 학점을 받는 것에 집중하다 보니 생기는 문제이다. 지금 배우는 전공이 나중에 어떻게 쓰일지는 생각하지 않은 채 문제 풀이나 일부 시험에 나올 법한 특정 지식만 쌓는 것이다. 운이 좋아 높은 학점을 받는다고 해도 이론의 원리에 대한 이해가 부족하면 배운 내용을 금방 잊을 수밖에 없다. 또한 전공 지식을 어떻게 자신의 것으로 만들지 전체적인 그림을 그리는 일이 힘들어진다.

교재의 서문과 목차 파악하기

전공 수업의 목적을 이해하기 위해서는 수업별 교재의 서문과 목차를 면밀하게 읽고 이해해야 한다. 서문은 해당 교재를 작성한 저자의 의도뿐만 아니라 그 과목에서 무엇이 중요한지를 짚어준다. 일반적으로 교재의 서문은 저자가 마지막에 쓰는 경우가 많은 만큼 교재에 대한 중요한 메시지가 담겨 있다. 즉 저자가 교재를 쓴 동기와 이유, 내용의 구성 요소, 어느 부분에 중점을 두고 썼는지 등이 잘 나타나 있다.

목차는 과목의 전체적인 뼈대와 구조를 알려준다. 목차를 숙지하면서 각 세부 항목의 제목별 소개를 읽거나 20쪽에 소개한 예시처럼 마인드맵을 그려보면 좋다. 전체 구성이 어떤 식으로 되어 있는지 일목요연하게 정리할 수 있어서 한눈에 들어온다. 또한 지루하고 재미없을 것만 같은 전공과목에 흥미가 생기고, 앞으로 배울 전공과목의 각 세부 항목에서 중요한 핵심도 파악할 수 있다.

실제 적용 사례 살펴보기

서문과 목차를 파악하는 방법 외에 전공과목을 배우는 이유를 알 수 있는 좋은 방법은 과목의 실제 적용 사례를 살펴보는 것이다. 구체적인 예시를 통해 알아보자.

공대생이 많이 배우는 과목 중에 '유체역학'이 있다. 화학공학 전공자뿐만 아니라 기계공학, 항공공학, 조선공학 등을 전공하는 학생들의 필수 수강 과목이다. 유체역학은 본래 물리학의 한 분야로 공학에서 활용하는 각종 장치나 설비 등은 유체역학

마인드맵을 활용한 수업 교재 목차 정리

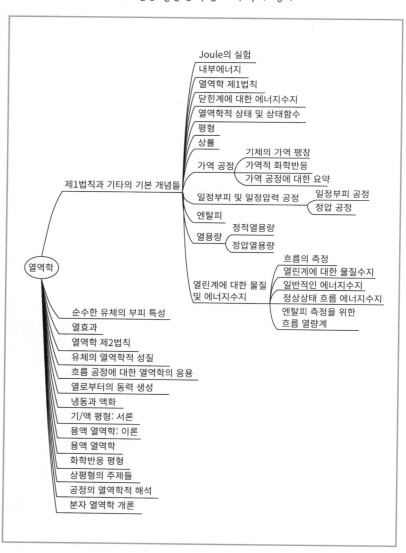

열역학

제1법칙과 기타의 기본 개념들
- Joule의 실험
- 내부에너지
- 열역학 제1법칙
- 닫힌계에 대한 에너지수지
- 열역학적 상태 및 상태함수
- 평형
- 상률
- 가역 공정
  - 기체의 가역 팽창
  - 가역적 화학반응
  - 가역 공정에 대한 요약
- 일정부피 및 일정압력 공정
  - 일정부피 공정
  - 정압 공정
- 엔탈피
- 열용량
  - 정적열용량
  - 정압열용량
- 열린계에 대한 물질 및 에너지수지
  - 흐름의 측정
  - 열린계에 대한 물질수지
  - 일반적인 에너지수지
  - 정상상태 흐름 에너지수지
  - 엔탈피 측정을 위한 흐름 열량계

- 순수한 유체의 부피 특성
- 열효과
- 열역학 제2법칙
- 유체의 열역학적 성질
- 흐름 공정에 대한 열역학의 응용
- 열로부터의 동력 생성
- 냉동과 액화
- 기/액 평형: 서론
- 용액 열역학: 이론
- 용액 열역학
- 화학반응 평형
- 상평형의 주제들
- 공정의 열역학적 해석
- 분자 열역학 개론

의 원리를 기반으로 작동하는 경우가 많다. 유체역학의 핵심은 바로 액체나 기체 같은 유체의 거동을 다룬다는 것이다.

공학 분야별로 관심 영역이 다르므로 같은 유체역학의 원리를 기반으로 하더라도 세부 커리큘럼은 전공마다 다르다. 대부분 유체역학 교재는 앞부분에서 유체의 운동과 성질, 주위와의 상호 영향 등에 대한 이론을 설명하며 나비에-스토크스 방정식Navier-Stokes equations 같은 복잡한 관계식을 다룬다. 여기까지만 보면 유체역학을 왜 배우는지 모호하다. 복잡한 수식을 외우고 이론을 바탕으로 문제를 푸느라 힘만 든다고 여길 수도 있다. 그러나 모든 공부가 그렇듯이 기본 원리를 잘 알아야 이해의 폭이 넓어진다.

교재의 뒷부분으로 들어가면 비로소 어느 기술에 어떻게 적용되는지 실제 사례가 나오기 시작한다. 화학공학에서 유체역학은 펌프, 압축기, 배관 등에서의 유체 거동을 집중적으로 다루고, 기계공학에서 유체역학은 어떠한 장치나 기계를 위주로 배운다. 이 부분이 실제 사례이므로 앞의 이론 부분보다는 좀 더 흥미를 느낄 수 있다. 그러나 여전히 책을 통한 이론 습득과 문제 풀이에 매몰되어 있기 때문에 마음에 크게 와닿지는 않을 것이다.

이제 다른 방향에서 유체역학을 왜 배우는지 살펴보자. 화학공학은 각종 장치와 이들을 연결하는 배관 등의 설비로 구성된 '시스템'을 활용하여 어떠한 원료나 에너지를 이로운 물질로 만들어내는 데 필요한 학문이다. 시스템은 반도체같이 아주 작은 크기부터 대형 플랜트까지 다양하다. 공학은 실용성을 중시하므로 해당 시스템은 경제적·효율적으로 구성해야 한다.

원료는 고체도 있지만 화학공학은 주로 원료를 섞고 가열하여 반응시키기 때문에 액체나 기체처럼 흐르는 유체 형태가 많다. 유체는 시작 지점에서 출발하여 각종 장치와 설비를 통과하면서 상태가 변하며 최종적으로 제품이 된다. 유체가 움직이기 위해서는 이를 밀어주는 에너지가 필요하다. 유체를 일정 이상 필요한 높이로 올려 보내야 할 경우도 있고, 매우 먼 곳으로 보내야 할 경우도 있다. 어떠한 경우든지 유체는 특정 공간을 흘러가는 동안 벽과 마찰을 일으켜 열이 발생하고 에너지를 소비한다. 이때 유체역학에서 배우는 이론을 활용해 에너지 소비량을 계산하면 유체에 전달할 에너지를 계산할 수 있고, 액체일 경우에는 펌프, 기체일 경우에는 압축기에 들어갈 전기와 같은 동력 에너지를 계산할 수 있다. 또한 에너지 소비량에 걸맞도록 어느 정도 크기의 장치를 설치해야 하는지도 알 수 있다. 결국 이러한 계산을 통해 최종 시스템을 설계하고 만드는 것이다.

기계공학이나 선박공학과 화학공학은 유체역학의 응용 대상이나 장치, 시스템이 다르지만 유체역학의 기본 원리를 기반으로 하는 점은 동일하다.

교수님에게 직접 물어보기

학부생일 때는 전공과목이 생소하고 잘 와닿지 않기 마련이다. 게다가 수업의 목적과 내용을 다 파악하기 어려울 수도 있다. 전공과목을 목적에 맞게 잘 배우는 좀 더 효과적인 방법은 자신의 전공과 관련된 직업에 종사하는 전문가를 직접 만나 조언을 듣는 것이다. 대학생이 가장 쉽고 빠르게 만날 수 있는 전문가는 바로 교수님이다.

처음에는 교수님에게 상담을 요청하는 일이 쉽지 않을 것이다. 교수님이 너무 바빠 보여서, 다가가기 어려워서 문의해도 될지 고민할 수도 있다. 그러나 대부분의 교수님은 전공에 대한 상담을 요청하면 기꺼이 들어준다. 학부생이 자신의 전공에 대해 열정적인 모습을 보여주는데 무시하는 교수님은 없다. 교수님에게 모르거나 궁금한 점을 적극적으로 문의하고 만나서 이야기하다 보면 많은 고민을 해결할 수 있다.

요즈음에는 유튜브와 같은 영상 공유 플랫폼이 활발하다. 다양한 기업과 전문가가 각종 주제에 대해 설명한 영상을 많이 올리니 이를 적극적으로 활용한다. 궁금한 점이 생길 때는 이메일, 댓글 등을 활용하여 직접 물어보면서 소통하면 좋다. 만약 대형 플랜트를 설계하는 엔지니어가 꿈이라면 유튜브에서 해당 키워드로 검색해 여러 종류의 영상을 볼 수 있다. 물론 질의응답도 할 수 있다.

가능하면 여러 가지 방법을 활용하여 많은 전문가를 만나서 자신의 전공에 대한 큰 숲을 볼 수 있는 능력을 기르는 것을 추천한다. 전공에서 배운 공학 원리가 실제 현장에서는 어떻게 적용되는지 알아가면서 더욱 재미있게 공부할 수 있을 것이다.

인턴 활동

대학 시절이나 졸업 직후에 할 수 있는 인턴 활동은 아무리 짧은 기간이라도 진로를 구체적으로 탐색하고 다양한 경험을 쌓을 수 있는 매우 좋은 기회이다. 과거에는 기업에서 무급 학생 인턴을 고용한 뒤 출력, 복사 같은 단순 작업만 시키거나 아무 일도 주지 않고 방치하는 경우가 종종 있었다. 요즘에는 대학생 인턴에게도 많으면 월 200만 원 수준의 급여를 지급하는 기업이나 기관이 늘고 있다. 더불어 인턴에게 적절한 실무 업무를 주며 경험을 쌓도록 한다. 예를 들어 연구원은 전공과 관련된 실험 보조, 기업은 해당 직무에 대한 문서 작성과 같은 보조 업무를 준다.

책이나 영상을 통해 배우는 것과 원하는 직장에서 하고 싶은 일을 경험하는 것은 비교가 되지 않는다. 단순히 아르바이트 대용으로 돈을 벌면서 학점을 취득하겠다는 마음가짐이 아니라면, 직무 특성에 맞는 경험을 할 수 있으므로 관심 있는 기업이나 기관을 정해서 한 번 이상은 꼭 해보는 것이 좋다. 재학생은 휴학을 하지 않아도 여름방학과 겨울방학을 활용하면 된다.

대학 시절에 경험할 수 있는 인턴 활동은 학교마다 다르지만 크게 두 가지로 나눌 수 있다.

기업 인턴

대기업과 공기업은 취업 사이트 및 학과 게시판에 인턴 모집 공고를 올려서 학생을 선발한다. 인턴을 마치면 채용 기회가 주어지는 채용연계형 인턴십도 많아서 경쟁이 매우 치열하다. 이런 경우에는 기업 공채에 지원한다는 마음으로 서류 전형과 면접 전형을 세심하게 준비해야 한다.

　스타트업이나 중소기업의 인턴십 프로그램은 보통 계절학기 학점을 인정해주는 학교의 현장 실습 프로그램과 연계하여 진행하는 경우가 많다. 대기업 인턴십 프로그램에 비하면 기회가 많은 편이나 현장에 나가기 전 유의해야 할 점이 있다. 기업으로부터 직무에 관한 체계적인 교육을 받기 어렵고, 대체로 업무가 단순하거나 반복적이어서 경험을 습득하는 데 제한적이다. 또한 해당 기업에 대한 사전 정보가 부족하다 보니 자신이 생각한 곳과 전혀 다른 곳에 가서 시간만 허비할 수도 있다.

　그러나 자신이 원하는 직무를 수행할 수 있는 적합한 기업에서 인턴 활동을 한다면 대기업과 공기업에서보다 더 많은 경험을 할 수 있다. 적은 인력이 다양한 업무를 담당하다 보니 규모는 작아도 기업 시스템이 전체적으로 어떻게 흘러가는지 빠르게 파악하고 배울 수 있기 때문이다.

연구원 인턴

선발하는 인원이 많은 동시에 유익한 인턴 활동을 할 수 있는 곳은 연구원이다. 다만 정부출연연구기관은 주로 서울과 대전에 몰려 있기 때문에 지원할 수 있는 지역이 한정되어 있다. 서울과 대전에서 먼 거리에 사는 학생이라면 이런 점을 먼저 고려한 뒤 지원해야 한다.

연구원에서는 실험 등 연구 업무에 많은 인력이 필요한 만큼 인턴을 많이 선발한다. 연구원 인턴은 학교에서 배우는 전공 과목과 직접적으로 연관된 경험을 할 수 있다는 것이 가장 큰 장점이다. 학교에서 연구원과 협약을 맺고 있는 경우가 많아 기회를 얻기도 수월하다. 인턴 활동을 통해 자신이 연구와 적성이 맞는지 확인할 수 있는 기회가 되기 때문에 학부를 졸업한 후 대학원을 진학할지 아니면 바로 취업할지 고민을 해결하는 데도 좋은 경험이다.

교내 활동

기업은 대부분 여러 명이 협업해 업무를 진행하고 갖가지 이해관계가 얽혀 있는 조직이기 때문에 채용 시 지원자의 협업 능력과 적응력을 매우 중요하게 생각한다. 전공도 중요하지만 학업에만 매몰되면 생각의 유연성이 떨어지고, 조직 생활에 대한 적응력을 키우기도 어렵다. 졸업 후 구직 활동을 할 때 이러한 단점이 그대로 드러날 수 있는데 보

한국○○○○연구원 하계 인턴 모집 공고

대한민국의 미래 과학기술 발전을 위해 차세대 연구 개발을 선도하고 있는 우리 연구원에서는 진취적이고 창의적인 학부 인턴 연수생을 모집합니다.

연수 기간: 20○○년 7월~8월(8주간)
지원 기간: 20○○년 6월 1일~6월 15일(서류 접수 마감 시간 18:00)
지원 자격
- 임용 예정일('○○년 7월 1일) 기준 대학교 3학년 1학기 이상 재학 중인 자
- 휴학생 및 졸업 예정자 지원 가능

상세 모집 분야

연수 부서	연수 내용	모집 인원	근무 장소
배터리연구실	배터리 시스템 설계, 배터리 전극 소재 개발 재생에너지와 배터리 하이브리드 시스템 개발	○명	대전
IT융합연구실	지능형 스마트 플랜트 기술 개발 (파이썬 프로그램 활용 가능자) 가상현실(VR) 기반 공학 교육 시스템 개발	○명	대전
기후변화연구실	이산화탄소 포집 물질 개발 이산화탄소 포집 공정 개발 이산화탄소 고부가화 전환 공정 개발 이산화탄소 저장 기술 개발	○명	대전
화학소재연구실	플랫폼 케미컬 개발 실험 및 시뮬레이션 유동층 반응기 촉매 개발	○명	서울
화학공정연구실	화학반응 및 분리 공정 최적 설계 공정 최적화 시뮬레이션	○명	서울

완할 수 있는 방법이 바로 교내 활동이다.

동아리 활동

대학에서 할 수 있는 대표적인 교내 활동은 단연 동아리 활동이다. 대학에는 여러 가지 동아리가 있으며 본인의 흥미에 따라 얼마든지 가입하여 활동할 수 있다. 간혹 서류와 면접 전형을 거칠 정도로 회원을 까다롭게 선발하는 동아리도 있다. 동아리에서 다른 단과대, 다른 학과 학생들과 활동하면 조직 생활의 다양한 면을 경험하는 기회가 된다. 동아리의 특성에 따라 느낄 수 있는 재미와 얻는 점은 제각각이다.

공대생에게 다소 생소할 수 있지만 유익한 동아리 활동 중 먼저 투자 동아리를 추천한다. 공대생이 투자 동아리에 들어가 활동한다는 게 의아할 수도 있다. 투자 동아리는 주로 경영대학생들이 가입하는 곳이라고 생각해서 공대생은 아예 생각조차 하지 않는 경우가 많기 때문이다.

주식을 중심으로 하는 투자 동아리에서 배우는 재무제표 읽는 법, 기업 분석 등은 일상생활과 업무를 할 때도 활용할 수 있다. 재무제표는 기업이 투자자들에게 기업의 재정 상태, 매출과 이익 등 경영 성적에 관한 수치를 주기적으로 제공하는 자료이다. 주식시장에 상장된 기업이라면 전자공시시스템 웹사이트에서 재무제표를 확인할 수 있다.

재무제표를 잘 이해하면 그 기업의 사업 구조나 상황을 정성적·정량적으로 파악할 수 있다. 무엇보다 수년 간의 매출액과 이익 추이를 보고 과연 성장하고 있는 기업인지 퇴보하고 있는 기업인지 알 수 있다. 이런 면에서 구직 활동을 할 때 어느 기업에 지원하면 좋을지 판단하는 데 도움이 된다.

투자 동아리에서는 재무제표를 기반으로 기업을 분석하여 모의 주식 투자를 하거나 실제 자신의 돈으로 투자를 해보기도 한다. 또한 졸업한 선배들이 근무하고 있는 기업을 방문하여 현장 이야기를 들어볼 수 있다. 이러한 투자 동아리 활동을 통해 경영과 재무 감각을 익힐 수 있다면 취업한 후에도 큰 도움이 될 것이다. 더불어 다른 학과 친구들과 함께 어울리고 기업 정보, 투자 방식 등을 논의하면서 공대생으로서 가지기 쉬운 고정관념과 편협한 생각에서 벗어날 수 있다.

다음으로 추천하는 동아리는 독서 토론 동아리이다. 평소 독서를 좋아하고 의지가 있다면 혼자서도 얼마든지 책을 읽을 수 있다. 그러나 웬만한 의지로는 꾸준히 책을 읽기 힘든 데다 읽더라도 자신이 좋아하는 분야의 책만 골라서 읽는 경우가 많다.

독서 토론 동아리에 가입하여 활동하면 다양한 책을 읽을 수 있다. 뿐만 아니라 독서 토론을 통해 다른 사람들과 생각을 나누며 공유할 수 있고, 논리적으로 자신의 의견을 말하는 능력도 커진다. 인문·사회 교양도 쌓을 수 있다. 이 모든 것이 특히 공대생에게 취약한 부분이다. 재미있는 동아리 활동도 하면서 취약점을 보완할 수 있어 구직 활동이나 직장 생활을 할 때 장점으로 작용한다.

전공 프로그램

대학에서는 학생들에게 다양한 프로그램을 제공한다. 전공 프로그램 중에 학과에서 제공하는 '캡스톤 디자인Capstone Design'이 있다. 학생이 학부 교육과정에서 배운 이론을 바탕으로 현장 실무 능력을 기르기 위해 특정 교수님의 연구실에 들어가 개인 또는 팀 단위로 프로젝트를 수행하는 것이다. 보통 인기 있는 교수님에게 학생이 몰리는 경우가 많으므로 그 교수님의 연구실에 가고 싶다면 남다른 어필이 필요하다. 캡스톤 프로그램은 학과 커리큘럼상 의무적으로 해야 하는 경우가 많다. 이때 의무로만 참여하는 것이 아니라 본인이 생각하고 있는 진로나 흥미로운 분야를 찾아서 적극적인 의지를 피력하고 참여하는 것이 중요하다.

우선 캡스톤 프로그램을 선정하는 단계에서 학과 교수님들의 연구 주제나 전문 분야에 대해 알아봐야 한다. 교수 연구실에서 운영하는 홈페이지, 홈페이지가 없다면 교수님이 쓴 논문 등 연구 실적을 보고 알 수 있다. 교수님이 수년에서 수십 년간 어떠한 연구를 해왔는지부터 파악함으로써 해당 연구실의 프로그램에 참여해 무엇을 배울 수 있는지 알 수 있다.

교수 연구실에서 학부 인턴을 하는 방법도 있다. 학부 인턴도 교수님의 연구 실적을 위주로 면밀히 살펴보고 결정해야 한다. 학부 인턴을 하게 되면 연구실의 각종 실험 장치나 시설을 이용할 수 있는 특권이 주어진다. 따라서 연구자로서의 자세, 연구 과정, 실제 실험 등 많은 것을 배울 수 있고, 학부생임에도 열심히 배워 우수한 연구 성과를 낸다면 국내외 학술지에 논문까지 게재하는 특별한 이력을 쌓을 수 있다.

기타 프로그램

대학 전체 차원에서 지원하는 프로그램도 많다. 해외 어학연수 프로그램은 외국어 실력 향상과 문화 체험을 통해 국제적 감각을 높이는 것 등을 목적으로 시행하고 있다. 해외 탐방 프로그램은 요즘 화두가 되고 있는 탄소 중립이나 수소에너지와 같은 주제를 선정해 해외 사례를 살펴보고 오는 프로그램을 예로 들 수 있다. 이 외에도 해외 문화, 해외 대학 탐방 같은 다양한 주제로 시행하고 있다. 개인별 또는 팀을 구성하여 지원할 수 있으며 학교 내에서만 경쟁하다 보니 외부 공모전보다는 경쟁이 덜한 편이다.

이뿐만 아니라 학교 내에서 진행하는 각종 공모전이나 다양한 리더십 관련 프로그램에 참여하면 다른 학과 친구들과 협업하고 경쟁하면서 자신도 모르게 한층 역량이 높아질 것이다.

대외 활동

대외 활동은 대학 생활에서 꼭 해야 하는 필수적인 활동이다. 대학에 입학하면 같은 학교 친구들과 어울리면서 좋은 학점을 받는 것에만 치중하기 쉽다. 그러나 교내에만 머무르다 보면 세상과 사회를 보는 시야와 생각이 좁아지고 여러 가지 경험을 하기도 어렵다. 이러한 점을 보완하기 위한 몇 가지 대외 활동을 소개한다.

공모전 참가

대학 생활을 즐기면서 성취감을 느끼고 자신의 이력으로도 활용할 수 있는 대외 활동이 바로 공모전이다. 공모전이라고 하면 준비하는 데 시간을 많이 빼앗겨서 오히려 학업에 지장을 줄까 봐 걱정도 되고, 과연 내가 할 수 있을까 하는 막연함이나 불안감이 생길 수도 있다. 그러나 대학 시절에 충분히 도전해볼 만한 크고 작은 공모전이 많다.

공모전 중에서 상대적으로 어려운 편이지만 선발된 사람에게 상당한 특전을 주는 공모전이 있다. 해외 탐방 지원 프로그램인 'LG 글로벌챌린저'이다. 2019년도까지 진행하다가 코로나19 사태로 일시 중단된 상황이지만 재개되면 한 번쯤 도전하길 추천한다. 2019년에는 30팀, 총 120명을 선발했으며 각 팀별로 직접 제안한 탐방 주제와 국가를 선정해 해외 탐방을 지원했다. 전국의 대학생들이 각자 팀을 이뤄 지원하므로 경쟁이 상당히 치열하다. 그러나 선정되면 해외 탐방 지원은 물론이고 탐방후 각 팀이 제출한 탐방 결과 보고서를 심사해 우수상 등급 이상 수상자에게는 LG에서 인턴 활동을 하거나 4학년에게는 입사할 수 있는 자격을 주는 매우 좋은 기회이다.

팀으로 지원하는 공모전은 학교 게시판이나 SNS 등을 활

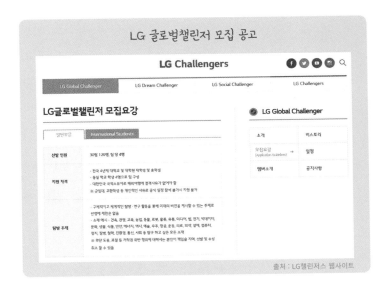

LG 글로벌챌린저 모집 공고

출처 : LG챌린저스 웹사이트

용하여 마음이 맞는 친구들을 모아 팀을 꾸릴 수 있다. 팀 구성원들과 함께 공모전을 준비하다 보면 자신도 모르게 프로젝트 기획, 보고서 작성 등의 능력을 쌓을 수 있다. 팀 구성원들과 협업 역량을 키우는 데도 도움이 된다.

해외 탐방 공모전뿐만 아니라 국내에서 하는 체험활동형 공모전들도 있다. 여러 지역, 여러 학교의 친구들과 함께 자연보호 캠페인을 하는 공모전, 여러 사람과 팀 프로젝트를 진행할 수 있는 마케팅 공모전, 소속 기관이나 기업과 관련된 이슈를 취재하고 기사를 작성해 홍보하는 대학생 기자단 등이 있다. 이러한 공모전에 지원해 준비하면 관련된 역량과 경험을 기르고 다양한 사람과 네트워킹을 하면서 친분을 쌓으며 생각의 폭을 넓힐 수 있다.

요즘은 아이디어 공모전과 미디어 관련 공모전도 늘고 있다. 아이디어 공모전은 공대생으로서 도전해볼 만한 공모전이다. 예를 들어 '탄소 중립에 관한 실천 아이디어 공모전' 같은 경우 공대생들도 학교에서 배웠던 공학 지식과 경험을 활용하면 좋은 성과를 얻을 수 있다. 미디어 공모전은 기관이나 기업에서 제시한 주제로 사진을 찍거나 영상을 제작해서 응모하는 공모전이다. 자신의 생각을 창의적이고 감각적인 방법으로 표현할 수 있어 준비 과정에서 공대생에게 부족하다고 느껴지는 인문학적 소양을 기를 수 있다.

멘토링 프로그램

대외 활동으로 멘토링 프로그램도 추천한다. 자신의 진로에 대해 물어보거나 고민을 나눌 사람이 주위에 없는 사람, 앞으로를 위해 무엇을 준비해야 할지 몰라 불안한 사람들이 참여하면 좋다. 멘토링 프로그램에 참여하면 자신이 직접 멘토가 되어볼 수도 있고, 멘티가 되어 기관이나 기업의 멘토로부터 멘토링을 받을 수도 있다. 멘토링은 상호 소통의 과정이므로 멘토와 멘티 모두 성장하는 훌륭한 기회이다. 특정 대학이나 학과 재학생, 기준 이상의 학점 취득자 등 조건이 필요한 프로그램이 있고, 대학생이면 누구나 참여할 수 있는 프로그램도 있다.

멘토링 프로그램에 참여하면 멘토와 멘티 간에 일대일로 편하게 상담하면서 심리적 안정을 얻고 진로에 대한 궁금증을 해소할 수 있다. 게다가 멘토가 하는 세미나에 참석하거나 멘토가 일하는 기업이나 기관을 방문하여 어떤 실무를 하는지 직접 눈으로 확인하는 기회도 생긴다.

현재 여러 기업과 기관에서 다양한 멘토링 프로그램을 진행하고 있다. 포스코인터내셔널의 대학생 취업 멘토링, 한국여성과학기술인육성재단의 취업 탐색 멘토링, 한국장학재단의 사회 리더 대학생 멘토링, 정보통신기획평가원의 ICT멘토링, 잇다의 현직자 멘토링 등 자신과 맞는 프로그램을 찾아 선택하면 된다.

자격증 취득

자격증은 자신의 역량을 공식적으로 증명할 수 있는 가장 좋은 이력 중 하나이다. 국가나 공신력이 높은 기관에서 발급해주는 자격증은 곧 해당 분야에서 일정 수준의 능력을 만족한다는 의미이기 때문이다.

공대생이 가장 취득하고 싶어 하는 자격증은 국가 산하 기관인 한국산업인력공단에서 발급하는 국가기술자격증일 것이다. 대학생이 취득하는 자격증의 등급으로는 대학을 입학하자마자 취득할 수 있는 기능사, 대학 2년을 마치고 취득할 수 있는 산업기사, 그리고 4학년 이후에 취득할 수 있는 기사 자격증이 있다. 응시 자격 제한이 없는 기능사 자격증은 상위 등급에 비해 전문성과 차별성이 떨어질 수밖에 없으므로 기업에서는 산업기사 등급 이상 자격증을 선호한다.

한국산업인력공단에서 주관하는 자격증은 각 종목별로 다양하다. 정보통신 종목의 경우 정보기술, 방송·무선, 통신 등이 있고, 기계 종목의 경우 기계제작, 기계장비설비·설치, 철도 등으로 세분화되어 있다. 자격증은 1차 시험인 필기 시험에 합격한 뒤 2차 시험인 작업형이나 필답형의 시험을 통과해야만 취득할 수 있다. 1차 시험은 컴퓨터로 시험을 진행하는 CBT Computer Based Test 방식 또는 OMR 카드에 답을 표시하는 PBT Paper Based Test 방식으로 치르고, 2차 시험은 종목에 따라 다른 형식의 시험을 치른다. 실제 도면 작성이나 설비 작업 등을 수행하는 직접적인 작업형, 어떠한 분야의 현장 상황이나 작업에 대한 동영상 등을 시청하면서 해석하는 간접적인 작업형이 있다. 또한 논술이나 계산 등으로 이루어지는 필답형도 있다.

1차 시험은 이론을 공부하고 기출문제를 꾸준히 반복해서 풀면 합격할 수 있지만, 2차 시험은 어떤 방식이든 상당한 노력

출처 : 큐넷 웹사이트

을 필요로 한다. 그런 만큼 관련 기관과 기업에서도 산업기사와 기사 자격은 인정해주므로 공대생은 반드시 취득하는 것이 좋다.

NCS 준비)

국가직무능력표준을 뜻하는 NCS는 이미 취업을 준비해본 사람이라면 아는 공포의 대상이다. 날로 치열해지고 있는 취업 시장에서 NCS는 이제 필수 요소가 되었다. NCS는 National Competency Standards의 약자로 산업 현장에서 직무를 수행하는 데 필요한 능력, 즉 지식, 기술, 태도 등을 국가가 표준화한 것이다. 다시 말해 각 기관이나 기업에서 자신들의 기업 문화와 직무 능력에 적합한 인재를 채용할 수 있도록 한 제도다.

사실 기업에서는 이미 1990년대 중반부터 NCS를 도입해 시행하고 있다. 대표적인 사례로 삼성의 GSAT Global Samsung Aptitude Test, SK그룹의 SKCT SK Competency Test, 현대자동차그룹의 HMAT Hyundai Motor group Aptitude Test 등이 있다. 각 기업에서 자신들의 특성에 맞춰 개발해 사용하고 있으며 이제는 공무원

뿐만 아니라 공공기관에서도 신입 사원 채용의 필수 절차로 자리 잡았다. 기관별로 NCS의 유형은 다르지만 기본적인 직무 능력이나 관련 적성을 판단한다는 점에서 일맥상통한다.

NCS의 유형

NCS는 직업기초능력평가와 직무수행능력평가로 나뉜다. 직업기초능력평가는 직무 수행을 위해 기본적으로 갖춰야 할 능력으로 의사소통, 문제해결, 수리, 자기개발, 자원관리, 정보, 조직이해, 대인관계, 직업윤리, 기술과 관련한 능력을 평가하기 위한 문제가 출제된다. 기업과 기관에 따라 난이도와 시험 항목이 다르며, 상세한 정보와 출제 경향은 관련 수험서를 참조하여야 한다.

직업기초능력평가는 수십 년간 쌓아온 기본 역량이 중요한만큼 단기간에 공부해서 점수를 올리기 쉽지 않고 왕도가 없다. 최대한 많이 훈련하며 대비하는 수밖에 없다. 시중에 나와 있는 NCS 기본서와 모의고사로 빠른 시간 안에 문제를 푸는 훈련을 하되 특정 기업이나 기관을 목표로 하고 있다면 과거에 그곳에서 출제했던 문제의 경향을 꼼꼼히 분석해 준비해야 한다.

직업기초능력평가가 교양과목이라면 직무수행능력평가

NCS 분야별 분류 체계

출처 : 국가직무능력표준 웹사이트

는 전공과목에 해당한다. 직무수행능력평가는 본인이 지원하는 직무에 필요한 능력을 평가하는 것으로 직무 능력별로 문제를 출제한다. 직무수행능력평가를 준비할 때 참고할 만한 웹사이트는 '국가직무능력표준'(www.ncs.go.kr)이다. 국가직무능력표준 분류가 직무 종류별로 나뉘어져 있으며, 공학 분야는 건설, 기계, 재료, 화학·바이오, 전기·전자, 정보통신 등 대학 학과와 유사하게 나뉘어 있다. 각 분류를 클릭해 들어가면 아주 상세한 구성과 함께 관련 표준 자료를 제공한다.

　　기계 분야는 기계설계, 기계가공, 기계조립·관리, 기계품질관리, 기계장치설치 등의 중분류로 나뉘어 있으며, 각 항목은

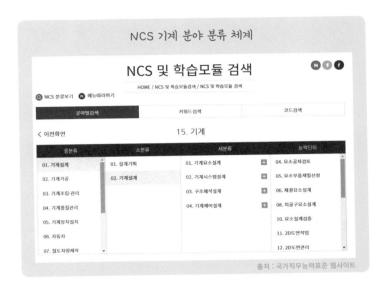

다시 소분류와 세분류로 나뉜다. 예를 들어 중분류 항목에서 기계설계에 들어가면 소분류 항목인 설계기획과 기계설계로 나뉘며, 기계설계 항목은 기계요소설계, 기계시스템설계, 구조해석설계, 기계제어설계 등의 세분류 항목으로 나뉜다.

세분류 항목은 다시 NCS 능력단위로 나뉘는데 단위별로 표준서가 있다. 기계요소설계를 예로 들면 요소공차검토, 요소부품재질선정, 체결요소설계, 치공구요소설계 등 매우 세부적인 능력단위 항목으로 나누어 일종의 교과서인 표준서를 제공한다. 표준서는 국가가 NCS 구축을 계획했던 2000년 초반부터 약 20여 년간 법제화, 개발팀 구성, 표준서 개발 과정을 거쳐 완성했다.

요소부품재질선정에 대한 표준서의 내용을 간략히 살펴보면, 기계적인 요소부품(금속으로 이루어진 볼트, 너트부터 유리나 시멘트 등의 비금속 재료로 만들어진 기계장치 등)의 재료별(알루미늄, 청동, 탄소강 등) 특성, 튼튼하게 만들기 위한 열처리 방법, 어떠한 힘을 주었을 때 견딜 수 있는 안전성 등과 같은 내용이 담겨 있다. 현장에서 바로 활용할 수 있는 내용으로 구성되어 있지만, 사실 내용이 너무 방대하기 때문에 대학생 입장에서는 학습하기 어렵다.

그럼에도 NCS 체계에 따라 효과적으로 직무 능력을 학습하는 방법이 있다. 앞서 이야기했던 전공 관련 자격증을 취득하는 것이다. NCS와 국가기술자격증 모두 한국산업인력공단에서 관리하고 있으며 내용 또한 상당히 비슷하기 때문이다. 자격증을 공부하고 취득하는 과정에서 NCS가 요구하는 직무수행 능력을 기본적으로 갖출 수 있을 뿐만 아니라 이력서에도 적을 수 있는 있는 중요한 능력이 된다.

NCS 훈련 방법

직업기초능력평가든 직무수행능력평가든 가장 중요한 것은 제한된 시간 안에 얼마나 효율적으로 문제를 풀어내느냐이다. NCS를 치러본 사람들이 꼽는 가장 큰 어려움이 부족한 시간이다. NCS는 가뜩이나 긴장되는 상황에서 대부분 초를 다툴 정도로 수많은 문제를 짧은 시간에 풀어야 하기 때문이다. 따라서 NCS를 준비할 때는 기본적으로 문제를 푸는 데 걸리는 시간을 단축하는 훈련이 중요하다. 특히 모르는 문제가 나왔을 때 계속 붙들고 있기보다 과감하게 포기하는 전략도 필요하다. 토익 시험의 리딩 파트와 비슷하다고 보면 된다.

아무리 문제해결 능력이 뛰어나도 제한 시간 안에 문제를 풀지 못하면 자신의 능력을 보여줄 수 없기 때문에 굉장히 불리하다. 시험문제를 풀 때 오랜 시간 심사숙고한 뒤 정답을 고르는 사람에게는 상당한 고역이다.

그럼에도 치열한 경쟁을 뚫고 본인의 진짜 역량을 보여줄 수 있는 면접 단계까지 이르기 위해서는 통과해야만 한다. 빠르게 문제를 해결하는 능력이 가장 중요한지에 대한 의문이 들 수도 있지만 현실을 무시할 수는 없다. 기업 입장에서 NCS는 수많은 지원자 중에서 기업에 적합한 사람을 구별해내기 위해서 활용하는 수단이다. 지원한 기업에서 요구하는 부분이 부족하다면 채우기 위해 노력해야 한다.

물론 처음에는 힘들 수밖에 없지만 지속적인 노력과 훈련만이 답이다. 토익 시험이든 자격증 시험이든 제한 시간 안에 신속하게 문제를 풀어야 하는 다양한 시험을 치르면서 훈련한다면 NCS 또한 충분히 치를 수 있을 것이다.

일반 역량
계발

일반 분야는 어떠한 직업을 가지더라도 꼭 필요한 역량이다. 대표적으로 영어와 컴퓨터 활용 능력이 있고 더 나아가 시간 관리 능력도 필요하다. 대학생이라면 취업을 준비하는 데 당연히 갖춰야 한다고 생각하는 것들이다. 여기서는 일반 역량을 효과적으로 계발하는 방법과 전략을 중심으로 소개한다.

실전 영어 능력

대학 입시를 마치고 나면 드디어 입시 영어에서 벗어날 수 있다는 해방감을 느끼지만 그것도 잠시뿐이다. 취업을 위해 필요한 토익TOEIC, 오픽OPIc, 토익 스피킹

TOEIC Speaking 같은 또 다른 영어 시험이 기다리고 있기 때문이다. 기업에서 가장 쉽게 지원자의 영어 능력을 판별할 수 있는 기준이 바로 영어 시험 점수이다. 다양한 영어 시험 가운데 채용 시 요구하는 영어 시험 점수는 기업마다 다르다. 삼성그룹처럼 일반 토익 대신 오픽이나 토익 스피킹 점수를 요구하는 경우가 있지만, 특정 기업에 채용된다는 보장은 없으므로 가능하면 토익은 일정 수준 이상의 점수를 확보해두는 것이 좋다. 더불어 토익 스피킹까지 높은 레벨을 받아두면 대부분 기업에서 요구하는 조건을 충족할 수 있다.

이러한 영어 시험은 중고등학교 때 배우는 영어보다는 듣기, 작문, 회화 등에서 실전 영어와 가까우나 실제 업무에서 필요한 영어와는 여전히 거리가 멀다.

실전 영어의 중요성

영어 시험 점수는 일타강사의 족집게 강의나 시중에 나와 있는 교재들로 공부하면 단기간에 점수를 올릴 수 있다. 하지만 외국인들과 소통하고 자기 생각을 그대로 영어로 옮길 수 있는 실전 영어 실력은 빨리 오르지 않는다. 더욱이 실전 영어는 준비할 게 많은 취업 준비생들이 당장 중요하다고 생각하지 않다 보니 뒷전으로 밀리기 쉽다.

그럼에도 실전 영어는 장기적인 관점을 가지고 준비해야 한다. 취업 준비 시 잠깐 필요한 영어 시험 점수에 비해 매우 큰 효과를 발휘하기 때문이다. 예를 들어 공대생이 엔지니어로 취업하고 가장 처음 부딪히는 문제가 실전 영어 회화이다. 특히 해외 프로젝트를 하다 보면 수많은 문서와 도면은 모두 영어로 작성되어 있으며, 고객 기업에서 핵심 업무를 하는 엔지니어도 전 세계에서 뽑힌 외국인들이다. 외국인 엔지니어는 우리가 교과서나 토익 시험에서 접하던 미국식 발음으로 친절하게 이야기해주지 않는다. 프랑스, 인도, 말레이시아, 싱가폴, 중국 등 엔지니어마다 자기만의 발음과 스타일로 영어를 구사하기 때문에 처음 대화할 때는 거의 알아듣지 못할 정도다.

이들과 프로젝트를 수행하면서 처리해야 할 사안들에 대해 정확하게 소통하지 못할 경우 본인의 소속 회사에 큰 피해를 입히는 사례도 있으므로 기본 영어 회화 능력이 매우 중요하다. 회화뿐만 아니라 비즈니스 레터 등 서면으로 소통하는 경우에도 영어 작문 실력이 뒷받침되어야 제대로 대응할 수 있다.

전화 영어

학교에 다니며 실전 영어를 배울 수 있는 효과적인 방법은 무엇일까? 추천하는 방법은 전화 영어이다. 요즘은 노트북, 태블릿 PC, 스마트폰 등으로 언제 어디서나 하루에 짧으면 5분, 길면 30분 이상까지 영어 강사와 대화하며 배울 수 있다. 당장 검색 사이트에서 전화 영어를 검색해보면 무수히 많은 정보가 나온다. 비용도 학생 신분에서 부담스럽지 않은 수준이며, 짧은 시간이라도 매일 꾸준히 영어 회화를 할 수 있다는 점에서 좋은 방법이다.

토익 점수가 800점 이상인 사람이라도 영어 회화를 많이 해보지 못한 사람은 전화 영어를 시작하면 등에 식은땀이 날 정도로 긴장하기 마련이다. 그렇다 보니 중학교 교과서에 나오는 간단한 문장조차 떠오르지 않아 제대로 말하지 못하기도 한다. 전화 영어를 하는 원어민 강사는 이러한 상황을 잘 알기 때문에 학생에게 맞추어 긴장을 풀어주며 차근차근 진도를 나가는 편이다. 따라서 어느 정도 적응이 되면 나중에는 강사와 편하게 일상 회화를 할 정도로 자신도 모르게 실전 영어 실력이 늘어난다. 이러한 연습을 대학 초년생부터 시작한다면 졸업할 즈음에는 자신의 생각을 영어로 잘 표현할 수 있을 것이다.

외국인 친구 사귀기

전화 영어와 더불어 추천하고 싶은 방법은 외국인 친구 사귀기이다. 물론 직접 만나는 게 가장 좋겠지만 기기를 활용해 쉽게 소통할 수 있다. 스마트폰에서 다운받을 수 있는 외국인 친구 사귀기, 언어 교환, 펜팔 관련 어플을 활용하거나 같은 흥미와 관심사를 가진 사람들이 모인 해외 커뮤니티에 가입해서 활동하는 것이다. 줌이나 MS 팀즈 등 온라인 화상회의 도구로 이야기를 나눌 수도 있다. 특히 랜덤으로 외국인과 통화할 수 있는 어플의 경우 그야말로 전 세계에 있는 친구를 모두 만나볼 수 있기 때문에 효과가 좋은 방법이다.

이 역시 처음에는 제대로 된 인사도 못 나눌 정도로 자신감이 떨어진다. 그러나 계속하다 보면 나도 모르게 자신감이 늘어나면서 입이 트이는 순간이 온다. 추후에 그 친구의 나라에 여행을 가서 만날 수 있을 만큼 마음에 맞는 친구를 사귈 수도 있을 것이다.

결국 영어는 어떤 방법이든 꾸준히 하는 게 최고다.

컴퓨터 활용 능력

IT 활용 역량, 즉 컴퓨터를 활용할 수 있는 능력도 영어 못지않게 중요한 필수 능력이다. 어떤 직종에 종사하든지 컴퓨터를 사용해야 하고 최근에는 많은 직종에서 방대한 데이터를 기반으로 업무를 진행하기 때문이다. 컴퓨터가 대중화된 지 이미 수십 년이 흘렀고 대학을 졸업했다면 다루지 못하는 사람은 거의 없을 것이다. 여기서 말하는 컴퓨터 활용 능력은 특히 문서 작성 능력과 코딩 능력이다.

문서 작성 능력

문서 작성 능력은 직접적인 IT 역량이라고 하기는 어렵다. 하지만 취업한 뒤에 보고서를 작성하여 누군가를 설득하거나 자신의 제안을 실현시키려면 이를 효과적으로 전달할 수 있도록 문서를 작성하는 능력이 필요하다.

파워포인트를 활용하여 발표 자료를 작성한다면, 온갖 기능을 활용하여 현란한 발표 자료를 작성하는 것보다 자신이 말하고 싶은 핵심을 명료하게 전달하는 것이 중요하다. 따라서 한눈에 들어오는 명확한 디자인과 내용을 설명하는 적절한 그림이나 문자 등을 잘 선택해 작성해야 한다. 워드나 한글을 활용한 문서 형태의 보고서를 작성할 때도 문서의 구조, 서체의 종류와 크기, 각종 글과 그림의 배치 등을 최적으로 고려해야만 보고서를 읽는 사람이 내용을 정확히 이해할 수 있고, 마음을 사로잡을 수 있기 때문이다.

실무에서 가장 많이 활용하는 문서 작성 프로그램은 워드, 엑셀, 파워포인트, 한글, PDF 등이다. 이런 프로그램은 학생 시절에도 과제를 하면서 다루어볼 기회가 많으므로 대부분 기본적인 능력은 가지고 졸업한다. 그러나 실무에서는 프로그램 자체를 활용하는 능력과 더불어 자신의 생각과 아이디어를 하나의 창작물로 구현하는 문서 작성 능력이 필요하다. 문서 작성 프로그램은 대한상공회의소에서 시행하는 워드프로세서, 컴퓨터활용능력 같은 기본적인 IT 자격증을 취득하면서 기를 수 있다.

워드프로세서는 대중적으로 많이 활용하는 마이크로소프트사의 워드Word 또는 한글과컴퓨터사의 한글 프로그램을 활용하는 능력을 평가하는 자격증이다. 이 자격증을 미리 취득하면 대학 수업에 필요한 문서와 리포트를 남들보다 훨씬 체계적이고 깔끔하게 작성할 수 있고, 향후 직장 생활에서도 큰 효과를 발휘한다. 회사에서는 보고서 내용은 물론 문서 형식을 맞춰서

보기 좋게 작성하는 것도 매우 중요하기 때문이다.

컴퓨터활용능력은 마이크로소프트사의 엑셀Excel 및 액세스Access 프로그램 활용 능력을 평가하는 자격증으로 고등학생도 취득할 정도로 대중적이다. '공대에서 아무리 복잡한 프로그램을 다룬 적이 있더라도 회사에 가면 결국에는 엑셀로 귀결된다'는 이야기가 있듯이 어떤 분야에서든 자주 활용되므로 자격증까지 취득해두면 유용하다. 나아가 정보처리기사와 같은 IT 자격증은 기업이나 공공기관 등에 취업할 때 가산점을 얻을 수도 있는 좋은 자격증이다.

자격증 취득은 다른 사람들이 다 하니까 나도 어쩔 수 없이 해야 한다고 생각하기 쉽다. 하지만 현대 사회에서 필요한 능력을 꼭 갖추겠다는 생각으로 배운다면 취업을 준비할 때나 취업한 후에도 상당한 도움이 된다.

코딩 능력

최근 각광받고 있는 코딩과 관련한 역량을 기르면 더욱 좋다. 나중에 직접 데이터를 다루거나 코딩을 하는 데이터 사이언티스트나 프로그래머와 같은 직업을 갖지 않더라도 배워두면 활용할 곳이 많기 때문이다. 코딩을 배우면 짧은 코딩으로 원하는 기능을 구현할 수 있는 방법 그리고 방대한 데이터를 효과적으로 처리할 수 있는 방법 등을 고민하면서 논리적으로 생각하는 힘을 기를 수 있다.

과거에는 코딩을 할 때 포트란이나 C 언어 등 일반인이 상당히 이해하기 어려운 컴퓨터 언어 위주로 했다면, 요즘에는 파이썬처럼 매우 직관적인 컴퓨터 언어로 자신이 원하는 프로그램이나 로직을 구현하기가 한층 수월해졌다.

코딩과 관련된 자격증인 정보처리기사, 빅데이터 분석기사 등의 국가기술자격증과 국가공인 데이터 분석 준전문가, SQL 개발자 등을 준비하며 배우는 방법도 있다. 특히 정보처리기사 자격증은 공대생분만 아니라 인문대나 경상대 학생도 취업 시 가산점을 위해 취득하면 좋다.

시간 관리 능력

시간 관리는 한정된 시간에 많은 역량을 쌓아야 하는 대학 시절에는 물론이고 앞으로 직장 생활을 하는 데 굉장히 중요한 역량이다. 시간 관리만 잘해도 인생을 효율적으로 살아갈 수 있다.

시간 관리 방법론은 시중에 수많은 책이 나와 있고 유튜브에서도 쉽게 찾아볼 수 있다. 새벽에 일어나서 루틴을 실천하고 하루를 시작하면 성공할 수 있다든지, 주어진 규칙에 따라 계획을 세우고 실천하면 많은 것을 이룰 수 있다든지 하는 여러 시간 관리 방법이 있다. 그런데 많은 사람이 책이나 영상을 보고 시간 관리 방법을 배워서 실천하다가 열이면 아홉이 금세 포기하고 만다.

알려준 방법만 잘 지키면 성공한다는데도 계속하기 힘든 이유는 시간 관리 방법이 자신과 맞지 않기 때문이다. 사람마다 모두 다른 성격과 생활 패턴을 가지고 있는데 20년 넘도록 정해진 패턴대로 살아온 사람에게 특정한 시간 관리 방법을 바로 적용할 수는 없다. 그렇다면 수많은 사람이 적용해서 성공했던 시간 관리 방법은 소용없는 것일까?

그렇지 않다. 누구에게나 만능인 시간 관리 방법은 없다. 시간 관리에서 가장 중요한 점은 자신과 맞는 방법을 찾아서 적용해야 한다는 것이다. 계획한 대로 행동하는 것이 불편하고 주어진 상황에 따라 결정하고 행동하는 사람에게 시간 관리를 강요하다가는 스트레스만 받는다. 또한 아침보다 저녁에 일의 효율이 좋은 저녁형 인간이 새벽형 인간과 같은 시간 관리를 하면

역효과가 날 수 있다.

시간 관리 방법

시간 관리는 누군가 제시한 방법을 바로 적용하기는 어렵고 습관화하려면 어느 정도의 노력이 필요하다. 다양한 시간 관리 방법을 '공부'해서 자신에게 맞는 방법을 찾아 다시 설정해야 한다. 쉽지는 않지만 인내심을 가지고 알맞은 시간 관리 방법을 찾아서 꾸준히 실천하면 평생 도움이 될 정도로 큰 효과를 볼 수 있을 것이다.

자신만의 시간 관리 방법을 찾도록 도와줄 수 있는 책 중에 스티븐 코비가 쓴 《성공하는 사람들의 7가지 습관》이 있다. 이미 동기 부여와 자기 계발에 대한 내용으로도 유명한 이 책에서는 다양한 성공 비법을 소개하고 있다. 그중 개인 사명서 작성, 소중한 것을 먼저 하는 습관이 시간 관리 방법에 해당한다.

사명서는 자신에게 정말 중요한 것이 무엇인지 생각하며 인생의 의미와 목적을 글로 표현한 문서다. 이와 더불어 단기(1년), 중기(5년), 장기(10년) 등의 목표를 설정하고 이들을 일종의 항로라고 생각하면서 좀 더 구체적으로 매일 계획을 세우고 실천한다.

나의 신조

1. 신념

무슨 일을 하든지 지금 내가 세운 장기적인 꿈과 가치를 생각하면서 맺고 끊음이 정확하게, 올곧게 정진한다.

어떠한 일이 있더라도 확실히 하며 나만의 가치를 세우자.

본 사명을 기초로 하여 인생을 살아간다.

2. 행복

난 항상 행복하다. 내 가족, 친구, 지인들 모두에게 행복과 웃음을 주는 사람이 되자.

언제나 행복이 넘치는 사람이 되자.

3. 초월, 자신감

무슨 일이든지 하면 된다. 모든 것은 나의 마음에 달려 있다. 나는 무한한 힘을 가지고 있다. 마음만 먹으면 지도자도 될 수 있고, 억만장자도 될 수 있으며, 모든 사람에게 존경받을 수 있다. 그 모든 것은 나의 열망에 달려 있다. 모든 것을 즐겨라.

4. 절제

자신감은 갖되 자만심을 갖지 않는 것이 매우 중요하다. 너무 욕심을 부리면 잘되던 일도 그르칠 수 있다.

5. 리더십

먼저 내 자신에게 최고의 경영자가 되어야 한다. 그런 다음 존경받는 지도자가 된다.

6. 장기적인 안목

멀리 내다봐라. 장기적인 시각을 가지고 꾸준히 노력하라.

7. 근면

시간을 낭비하지 말아라. 주어진 시간을 '효율적'으로 이용하라.

8. 정의

남에게 해를 주지 않으며 해로운 일을 해서도 안 된다.

9. 침착

사소한 일, 보통 있는 일, 피할 수 없는 일에 침착해라.

10. 도전

불가능에 도전하는 것은 일종의 재미다. 나의 무한한 에너지로 무한한 도전을 하라.

사명서에는 자신의 신조와 어떻게 신조를 실천할 것인지에 대해 작성한다. 사명서 예시를 보면 신념, 행복, 자신감, 절제 등을 신조로 설정하고 각각에 대해 실천 방향과 다짐을 작성했다. 사명서는 아주 구체적이기보다는 후속으로 설정할 단기, 중기 그리고 장기 목표의 원칙이라고 보면 된다.

사명서를 작성한 후에는 현재 자신의 상황에 맞는 목표를 설정한다. 대학생이라면 단기 목표로 학점 관리, 자격증 취득 등이 있다. 역량 계발 외에 장기적으로 도움이 되는 독서나 운동 등도 계획에 넣어 꾸준히 하면 좋다. 중기 목표에는 자신이 원하는 곳에 취업하여 사회 초년생이 되었을 때의 목표를 적어 본다. 장기 목표에는 사회에 나가 어느 정도 정착한 상황을 가정하여 작성한다. 사실 대학 시절에는 5년 이후의 목표를 세우기 어렵기 때문에 2~3년 후의 목표를 세워도 좋다. 인생의 나침반 역할을 하는 어떤 목표든지 바쁜 나날 속에서도 부지런히 실천하다 보면 자신의 역량이 늘어나는 것을 느낄 수 있다.

시간 관리 도구 활용

스티븐 코비는 '프랭클린 플래너'라는 시간 관리 다이어리 개발에도 참여했다. 이 다이어리에는 사명서와 목표 작성뿐만 아

단기·중기·장기 목표 세우기

나의 목표
1. 1년 목표(단기)
- ○○ 자격증 취득
- 토익 ○○점 획득
- ○학기 평점 4.0 이상 취득
- 꾸준한 독서, 운동 및 취미 생활로 삶의 균형 맞추기
2. 5년 목표(중기)
- ○○ 회사 취업을 통한 ○○ 전문가로의 발돋움
- ○○ 자격증 취득
- ○○억 원 자산 증식
- ○○ 취미 생활과 워라밸 실현
3. 10년 목표(장기)
- ○○억 원 달성
- 회사 내 전문가로서 위치 확립, ○○ 창업

니라 일의 중요도를 그룹화해 실천할 수 있도록 했다. 급하면서 중요한 일이 A 그룹, 급하지는 않지만 중요한 일은 B 그룹 등과 같이 나누어 계획을 세우고 일을 처리하면 보다 효율적으로 목표를 이뤄나갈 수 있다. 아울러 시간 단위로도 계획을 세우고 실천할 수 있도록 도와준다.

일반 메모장이나 가지고 있는 다이어리에도 비슷한 방법을 사용해 관리할 수 있다. 또 컴퓨터 캘린더 프로그램, 스마트폰과 태블릿 시간 관리 어플도 자신에게 적절한 것을 선택하여 활용하면 좋다.

이렇게 좋은 도구가 있어도 자신과 맞지 않으면 소용없다. 특히 시간 단위로 계획을 세우고 실천하다 보면 이것 자체가 스트레스가 되어 오히려 일이 더 안 되는 경우가 있다. 이런 경우에는 시간 단위로 계획을 세우는 대신 오전과 오후로 나누어 계획을 세우고, 이마저도 맞지 않을 때는 하루 단위로 중요한 일을 정하고 실천해나간다. 목표한 일을 이루었을 때는 자신에게 선물이나 보상을 주는 것도 좋다. 앞으로도 한결같이 실천할 수 있는 힘을 주기 때문이다.

계속 강조하지만 누구에게나 통하는 시간 관리 방법은 없다. 자신만의 방법을 찾아 내 것으로 만드는 것에 성공한다면 인생을 바꿀 정도로 든든한 비법이 될 수 있다.

2장
취특
어필

취업 전형에
대비하는 법

대학을 졸업하고 전공과 관련 없는 기업이나 직종에 취업해도 상관없는 공대생이거나 사업을 하는 경우 등을 제외하면, 대부분의 공대생은 자신의 전공을 최대한 살려 원하는 기업에 취업하고 싶을 것이다. 요즘은 워낙 취업이 쉽지 않고 선배들이 취업하느라 고생하는 모습을 가까이서 보기 때문에 대학에 들어가는 순간부터 노력한다지만 취업과 진로에 대해 자세하게 안내해주는 사람을 만나기는 어렵다.

인터넷에서 취업에 관한 정보를 검색하면 기업들의 일반적인 정보, 서류 전형과 면접 전형에 관한 취업 후기가 쏟아진다. 하지만 수많은 정보 가운데 어떤 정보를 찾아 어떻게 활용해야 할지 막막하다. 또한 자기소개서 내용이나 면접 시 유의해야 할

점 등은 대부분 일반적이고 상식적인 것들이어서 그대로 한다고 해서 경쟁력이 있을지도 의문이다.

이 장에서는 공대생이 자신의 적성에 맞는 기업 및 직무를 선택하는 데 중요한 특징을 살펴보고 어떠한 방식으로 기업의 채용 전형을 준비해야 하는지 구체적으로 소개한다.

기업 선택
가이드

취업을 하려면 먼저 자신이 지원할 기업을 선택해야 한다. 이미 해당 분야에서 자리를 잡은 기업일 수도 있고, 창업 초창기의 신생 기업(스타트업)일 수도 있다. 기업을 선택할 때 취업한 후 열심히 일할 만한 좋은 기업인지 혹은 나쁜 기업인지 미리 파악하는 것은 매우 중요하다. 무엇보다 자신의 적성과 맞는지, 기업의 발전 가능성은 어느 정도인지 알아야 한다. 자신의 적성과 맞는지 여부는 직무와 더 큰 연관이 있으므로 여기서는 기업의 발전 가능성에 초점을 맞추어 살펴본다.

기업의 발전 가능성은 지금까지 기업이 행해온 다양한 사업, 재무 상황, 앞으로의 전망을 통해 알 수 있다. 스타트업이나 시장 트렌드에 맞추어 급성장한 기업은 사실 미래가 불확실하지만, 소위 대박이 터질 수도 있는 기업이다. 그러나 취업 준비생들에게는 스타트업보다 오랫동안 안정적인 사업을 해온 기업이 좀 더 매력적일 것이다. 수십 년간 이어온 기업은 그동안의 사업 실적을 통해 상황을 파악할 수 있다.

전자공시시스템

기업의 실적과 현재 상황을 가장 잘 파악할 수 있는 방법은 동아리 활동에서도 언급한 기업의 재무제표를 살펴보는 것이다. 간단하게는 기업의 홈페이지를 찾아보거나 경제 관련 뉴스 등을 찾아보면서 기업의 상황을 알 수 있지만, 자료가 부족한 데다 정확하게 파악하기 어렵다. 특정 기업의 상태를 객관적으로 살펴보고 싶다면 기업의 매출이 얼마인지, 순이익과 영업이익이 어느 정도인지, 부채가 어느 정도 수준인지를 알아야 한다. 주식시장에 상장된 기업이라면 전자공시시스템을 보는 방법이 가장 좋다.

전자공시시스템은 금융감독원에서 운영하는 시스템으로 특정 기업의 주주들에게 기업의 상황을 알릴 때 활용된다. 보통 기업은 주인 한 명이 단독으로 소유하는 것이 아니라 다양한 주

전자공시시스템

출처 : 전자공시시스템 웹사이트

주의 자금을 활용해 운영하기 때문에 매우 복잡한 지분 구조를 가지고 있다. 따라서 기업은 주주들에게 기업의 상황 또는 기업에서 생기는 중대한 사항을 알려야 할 의무가 있으며, 이를 전자공시시스템을 통해 밝히고 있다. 전자공시시스템은 기본적으로 주주들에게 정보를 공개하는 것이 목적이지만, 실제로는 누구에게나 정보를 공개한다.

구체적으로 전자공시시스템은 어떻게 활용하면 좋을까? 검색 사이트에서 전자공시시스템을 검색하면 해당 웹사이트(dart.fss.or.kr)로 이동할 수 있다. 그다음 공시통합검색 창에 원하는 기업 이름을 입력한 후 검색을 누르면 여러 종류의 보고서가 리스트 형태로 나타난다. 대규모기업집단현황공시, 주식등의대량보유상황보고서 등 이해하기 어려운 보고서는 제외하고 분기보고서나 반기보고서를 찾는다. 바로 이 보고서가 지원자가 참고해야 할 보고서들로 회사의 개요, 사업의 내용, 재무에 관한 사항 등을 담고 있다.

분기보고서를 볼 때는 우선 회사의 개요를 살펴본다. 회사

전자공시시스템 중 분기보고서

분 기 보 고 서

(제 45 기)

사업연도   2021년 01월 01일   부터
         2021년 09월 30일   까지

금융위원회
한국거래소 귀중   2021년 11월 15일

제출대상법인 유형 :   주권상장법인

면제사유발생 :   해당사항 없음

회 사 명 :   OOOO   주식회사

대 표 이 사 :   OOO

본 점 소 재 지 :

출처 : 전자공시시스템 웹사이트

의 역사부터 시작해서 현재 신용 상황을 확인하는 것이다. 대략적인 내용을 확인했다면 정말 중요한 항목은 사업의 내용이다. 이 항목을 살펴보면 회사에서 수행하는 주요 사업은 무엇인지, 주요 제품과 서비스가 무엇인지, 원재료와 생산설비, 그리고 매출과 수주상황은 어떠한지 등을 알 수 있다. 기업은 대체로 기업의 주요 사업 부문별로 인원을 채용한다. 만약 지원자가 분기보고서에서 살펴본 내용을 바탕으로 지원하는 부문에 대해 자기소개서와 면접에서 언급한다면 채용 담당자에게 '우리 회사에 진심으로 관심이 있구나' 하는 호감을 불러일으킬 수 있다.

한 가지 더 살펴보아야 할 항목은 재무에 관한 사항이다. 이것이 재무제표이며 최근 3년간 자산 현황, 부채 현황, 매출, 영업이익 등을 보여준다. 공대생의 경우 주식 거래를 하지 않으면 처음부터 관심을 잘 가지지도 않고 읽는다고 해도 내용을 해석하기 어려워할 때가 많다. 그러나 앞으로 취업할지도 모르는 기업의 현재 상황과 발전 가능성을 보기 위해서라도 반드시 알고 있어야 한다. 재무제표의 항목을 모두 볼 필요는 없다. 매출액, 영업이익, 순이익, 부채 현황 정도만 파악해도 충분하다.

포털 사이트
증권 정보

전자공시시스템과 함께 참고하면 좋은 자료가 있다. 포털 사이트의 증권 또는 금융 홈 화면에서 특정 기업을 검색하면 나오는 정보들로 재무제표를 기준으로 여러 가지 지표를 잘 정리해서 해석한 정보이다. 네이버를 예로 들어보자. 네이버를 검색한 후 국내 증시에 들어가면 여러 항목 가운데 종목 분석이 있다. 종목 분석은 주가 추이, 재무 상황, 투자와 관련된 지표, 동일 업종의 다른 기업과 재무 상황을 비교하는 정보를 제공한다. 특히 재무제표에는 없는 회사의 성장성과 안정성 등을 나타내는 PER, PBR, 부채비율 지표를 보여준다.

PER는 주가수익비율Price Earnings Ratio로 주가를 1주당 순이익으로 나눈 값이다. 만약 어떤 기업의 주가가 1주당 5만 원이고 수익이 1년에 1만 원이라면 PER는 5.0으로 5년 만에 주가 수익을 모두 회수할 수 있을 정도로 수익성이 높은 회사를 의미한다. 보통 PER가 낮을수록 좋다. 하지만 바이오 기업 같은 경우에는 투자자들의 기대심리 때문에 아직 수익이 많지 않은데도 주가가 높아서 PER가 수십을 넘는 경우도 있다. 따라서 PER가

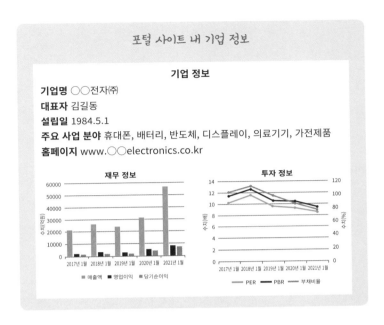

포털 사이트 내 기업 정보

기업 정보

기업명 ○○전자㈜
대표자 김길동
설립일 1984.5.1
주요 사업 분야 휴대폰, 배터리, 반도체, 디스플레이, 의료기기, 가전제품
홈페이지 www.○○electronics.co.kr

재무 정보

■ 매출액　■ 영업이익　■ 당기순이익

투자 정보

— PER　— PBR　— 부채비율

높다고 무조건 성장 가능성이 낮거나 기업 상황이 안 좋다고 말할 수는 없다. PER를 볼 때는 철강, 석유화학 등 같은 업종 내에서 비교해보면 해당 업종에서 어느 기업이 괜찮은지 확인할 수 있다.

PBR은 주가순자산배율Price on Book-value Ratio로 주식 가격을 1주당 순자산으로 나눈 값이다. 만약 PBR가 1이라면 주가와 동일한 순자산을 보유하고 있는 기업이고 0.5라면 주가 대비 자산이 두 배라는 것을 의미한다. PER와 마찬가지로 PBR도 낮을수록 기업이 안정적이라는 의미이다. 그러나 기업에서 투자하지 않고 벌어들이는 돈을 계속 쌓아두는 경우에도 낮을 수 있기 때문에 성장성 자체는 낮다고 볼 수도 있다. PER처럼 PBR도 업종에 따라 다르므로 같은 업종 내에서 PBR가 어느 정도인지 비교해보는 것이 좋다.

부채비율도 확인하면 좋은 지표이다. 기업 자산 중 부채가 어느 정도인지를 보여주는 비율이기 때문에 부채비율이 과도

포털 사이트 내 기업 비교

기업 비교		AA전자㈜	BB전자㈜	CC일렉트로	DD 디스플레이
기업명		AA전자㈜	BB전자㈜	CC일렉트로	DD 디스플레이
기준일		2021년 12월	2021년 12월	2021년 12월	2021년 12월
재무 정보	매출액 (억원)	56874	31546	5064	13658
	영업이익 (억원)	8132	3145	315	2046
	당기순이익 (억원)	7352	2134	103	1654
투자 정보	PER(배)	8.5	12.1	13.1	8.4
	PBR(배)	0.9	2.4	1.6	0.6
	부채비율(%)	76	123	164	67

하게 높거나 계속 악화되고 있다면 지원할 때 유의해야 한다.

재무 관련 지표와 더불어 동일 업종 분석 부분도 확인한다. 이름만 들어도 알 만한 대기업은 쉽게 확인하고 지원할 수 있지만, 우리가 알지 못하는 좋은 기업도 상당히 많다. 동일 업종 분석은 어느 기업이 탄탄하고 괜찮은 기업인지 확인하는 데 아주 유용하다. 예를 들어 지원자라면 대부분 알고 있는 LG화학과 비슷한 사업을 하고 있는 롯데케미칼, 에쓰오일, 삼성SDI 등 경쟁 기업의 재무 상황과 수익성, 안정성 등 각종 지표를 비교할 수 있다.

더 나아가 롯데케미칼의 경쟁 기업을 살펴보면 AK홀딩스, OCI, 한화솔루션 등이 있으므로 이런 식으로 연관된 기업을 찾아 지원해볼 수도 있다. 이들은 유사 업종 내에서 비슷한 사업을 하기 때문에 취업 준비 시 하나의 업종에 속한 기업들에 지원하겠다고 마음먹었다면 자기소개서 등 서류 작성에 들여야 하는 시간과 노력을 줄여준다.

업종별 대표 기업과
특징

공대생이 갈 수 있는 기업은 아주 다양하고 분야별로 주요 특징이 다르다. 너무 광범위한 분야에 걸쳐 지원하면 자기소개서와 면접 전형을 모두 다르게 준비해야 하기 때문에 시간과 노력이 훨씬 많이 든다. 지원자는 자신과 맞는 분야를 신중하게 골라서 지원 기업의 분야와 특징에 맞추어 취업을 준비해야 한다. 분야는 기본적으로 업종으로 나누지만 특별히 외국계 기업, 공기업·공공기관 등도 포함할 수 있다.

같은 업종이라도 기업마다 진행하는 사업과 고유의 기업 문화는 다르므로 일반화하기는 어렵지만 업종별로 대표적인 기업과 전반적인 특징을 소개한다.

철강금속업종

철강금속업종의 대표적 기업으로는 포스코, 고려아연, 동국제강, 현대제철 등이 있다. 주로 철강석과 같은 원재료를 처리하고 가공하여 강철이나 주철을 생산하거나 이를 가공하여 철판, 파이프 등을 생산하는 사업을 한다. 전통적인 산업의 하나로 전 세계의 경제 상황에 상당히 민감한 업종이다. 경기가 호황일 때는 건설, 조선업종 등에 투자가 늘어나 원재료를 생산하는 철강금속 기업의 수익이 늘어나지만, 경기가 침체일 때는 원재료 사용이 줄어들면서 기업이 힘들어지기도 한다.

이러한 기업들의 문화는 대체적으로 보수적이라고 알려져 있다. 오랜 시간 동안 사업해온 데다 기술 개발을 한다 해도 산업 자체가 빠른 변화나 발전이 없을 정도로 성숙했기 때문이다. 반대로 생각하면 산업이 어느 정도 안정적이라는 것을 의미한다. 안정적인 기업에서 일하고 싶다면 좋은 선택이 될 수 있다.

화학업종

화학업종은 철강금속업종에 비해 좀 더 세부적으로 분류해야 할 만큼 상당히 다양하다. 화학업종에는 원유를 분리하여 가솔린, 경유, 나프타 등을 만드는 정유, 정유 회사로부터 받은 나프타를 활용하여 플라스틱, 비닐 등의 원료를 만드는 석유화학, 배터리나 고부가가치 화학물질을 만드는 복합적인 사업 등이 있다.

화학업종의 대표적인 기업으로는 SK이노베이션, 에쓰오일, LG화학, 롯데케미칼, 금호석유화학과 같은 유명한 기업부터 한국가스공사 같은 공기업도 포함되어 있다. 또한 일반인에게는 생소하지만 대기업이면서 재무와 사업 상황이 탄탄하고 건실한 대한유화, 애경케미칼 등도 있다.

원유나 석유화학업종 기업은 철강금속업종과 비슷하게 원재료를 위주로 제조하고 판매하며 기업 규모가 상대적으로 작아서 보수적인 기업 문화를 가진 경우가 많다. 일례로 화학 플랜트를 운영하는 기업은 꽤 오래된 곳이 많다. 만일 플랜트에 문제가 발생하여 제품을 생산하지 못하는 일이 생긴다면 막대한 손실을 입을 뿐만 아니라 재가동 또한 쉽지 않으므로 상당히 엄격하게 운영되기 때문이다. 게다가 이들 기업에 종사하는 사람들은 오래 근무하면 전문가가 되어 안정적으로 일할 수 있어서 이직률이 높지 않고 근속연수도 매우 길다.

현장 부서와 달리 새로운 사업을 발굴하는 신사업 추진 부서나 제품을 개발하는 연구 개발 부서처럼 보수적이지 않은 경우도 많으므로 반드시 전체 기업 문화가 모든 부서에 동일하게 적용되지는 않는다. 즉 부서에 따라 다르므로 자신이 지원하는 본부 또는 부서의 특성을 잘 파악하는 것이 중요하다.

건설업종

건설업종은 일반적인 빌딩이나 아파트를 건설하는 건축 부문, 도로나 교량 등을 건설하는 토목 부문, 각종 플랜트를 설계하고 건설하는 플랜트 엔지니어링 부문 등의 사업을 하는 업종이다. 대표적인 기업으로는 삼성엔지니어링, GS건설, 대우건설, 현대엔지니어링, 도화엔지니어링 등이 있다. 기업에 따라 특정 부문에 집중하는 경우가 많아서 도화엔지니어링은 토목 부문을 위주로 하며, 삼성엔지니어링은 플랜트 엔지니어링 부문에 힘을 많이 쏟는다.

건설업종에 속한 기업은 부문별로 분위기가 상당히 다르

다. 빌딩이나 아파트 건설 등의 국내 공사를 위주로 하는 부문은 다양한 하청업체와 구성원과의 관계가 수직적이어서 기업 문화도 대체적으로 보수적인 편이다. 반면에 플랜트 엔지니어링 부문은 해외 플랜트 사업을 많이 하면서 다양한 문화적 배경을 가진 국가나 구성원과 일하기 때문에 꽤 자유롭다.

해외 사업을 주로 하는 기업은 불확실성이 높아서 예상하지 못한 일도 자주 발생한다. 예를 들어 사업을 진행하고 있는 국가에 정치적 문제가 생겨 프로젝트가 지연되거나 취소되기도 한다. 기상이 악화되어 현장 작업에 난항을 겪을 수도 있다.

경기에 민감한 업종이다 보니 기업의 상황에 따라 구조조정 대상이 되기도 하는 등 실력이 없으면 도태될 수도 있으므로 회사에 들어가 일을 시작하게 되면 상당한 수준의 노력이 필요하다. 그러나 끊임없이 실무 능력을 길러서 제대로 된 실력을 갖춘다면 전문가로 성장할 수 있고 이를 발판으로 어느 기업에 가든지 자신의 역할과 직무를 능숙하게 하며 얻는 보람과 즐거움이 크다.

조선업종

조선업종은 선박을 설계하고 제작하는 사업을 주로 하며 해양 플랜트 사업을 하기도 한다. 대표적인 기업으로는 현대중공업, 대우조선해양, 삼성중공업 등이 있다. 이들 기업은 대체로 조선사업 부문과 해양사업 부문으로 나누고, 때에 따라서는 선박에 들어가는 엔진 사업이나 건설 사업도 소규모로 진행한다.

조선업종은 건설업종과 비슷해서 경기에 민감한 업종 중 하나이다. 따라서 직무를 선택할 때 충분한 고민이 필요하다. 그러나 공대생으로서 자신의 전공을 살려 전문성을 가지기에 충분한 곳이며 실력만 잘 갖춘다면 전문가로 활약이 가능한 분야이다. 일례로 해양 플랜트 사업을 하는 기업에 들어가면 육상 플랜트와 유사한 직무를 수행하지만, 해상 설치에 적합하도록 플랜트를 최대한 작고 간편하게 만들어야 하므로 전문 지식과 경험이 요구된다. 해양 플랜트 경험을 쌓으면 육상 플랜트 사업을 할 수 있는 능력도 자연스럽게 갖추게 되어 추후 건설 기업이나 엔지니어링 기업으로 이직할 수 있다. 한국석유공사나 기타 플랜트 관련 연구원에서 일할 수도 있다.

조선업종의 기업 문화도 기본적으로 보수적인 편이다. 발주자는 해외 고객이 많지만 기업 내부의 프로세스에 따라서 선박을 설계·제작해야 하고, 하청업체나 장치·부품 업체는 국내 기업이 많기 때문이다. 반면 해양 플랜트와 관련된 조직은 해외 발주자가 프로젝트에 보다 적극적으로 개입하며 프로젝트와 관련된 설계나 장치·부품 업체 역시 주로 해외 기업이어서 대체로 커뮤니케이션이 개방적이고 자유롭다. 기업 문화도 조선 사업 부문에 비해 덜 수직적인 편이다. 다만 화학업종과 마찬가지로 같은 사업 부문이라도 각 부서에 따라 기업 문화는 조금씩 다르다.

전기전자업종

전기전자업종은 반도체와 배터리 뿐만 아니라 다양한 IT 제품과 가전제품까지 생산한다. 우리나라의 성장 원동력 중 하나로써 대표적인 기업으로는 삼성전자, SK하이닉스, LG전자 등이 있다.

반도체와 배터리 분야는 4차 산업혁명 시대의 흐름에 맞추어 폭발적으로 성장하고 있으며 앞으로도 전망이 좋은 분야이다. 분야의 특성상 발전이 매우 빠른 만큼 끊임없이 공부해야만 전문가로 성장할 수 있다. 또한 제품을 만드는 공정이 상당히 복잡하고 까다로우며 비밀 유지도 철저하기 때문에 엔지니어 직무를 수행한다면 여러 업무를 다양하게 하기보다 하나의 요소기술이나 단위공정에 집중하는 업무를 수행한다. 따라서 제너럴리스트가 되기는 쉽지 않지만 스페셜리스트가 되기 좋은 직무이다. 다른 기업으로 이직하는 경우 동일한 직무가 아니면 경험을 살리기 어렵다.

그렇다고 해서 스페셜리스트 직무만 있는 것은 아니다. 공장을 운영하기 위해 필요한 가스, 전기, 공정 운영 등 각종 인프라를 만드는 기술직무는 건설 엔지니어링 분야와 비슷한 일을 할 수도 있다. 예를 들어 반도체 제조의 핵심 공정을 담당하지는 않지만 제품이 원하는 품질로 잘 생산될 수 있도록 돕는 역할을 한다.

그 외 IT 제품이나 가전제품은 특정 제품을 제외한 기술 발전이 반도체와 배터리처럼 빠르지는 않으며 성장이 느리고 성숙한 분야이다. 이런 면은 냉장고나 세탁기 등을 보면 알 수 있다. 제품의 에너지 효율과 같은 기술적인 부분은 이미 상당한 수준이 된 만큼 혁신적인 디자인이나 기능을 탑재하는 식으로 제품 차별화 전략을 구사하고 있다.

전기전자업종 기업은 대체로 업무량이 많아 야근도 자주하고 일과가 불규칙하다. 바쁘다 보니 오히려 동료들과의 사이에서 생기는 스트레스는 적을 수도 있다. 또한 새로운 기술을 계속 배워야 하므로 관련 교육이나 세미나가 자주 열린다. 이 업종에 지원하고 싶은 사람은 배우는 것을 즐기고 새로운 지식을 받아들이는 것에 열린 자세를 가지고 있어야 잘 적응할 수 있다.

제약바이오업종

삼성바이오로직스, 셀트리온 등이 속한 제약바이오업종은 성장 잠재력이 높은 동시에 불확실성도 높은 업종이다. 신약 개발의 경우 상당히 오랫동안 실험 개발과 임상 과정을 거치느라 막대한 투자금이 소요되기 때문이다. 그만큼 성공하면 엄청난 부를 얻을 수 있지만 실패하면 타격도 상당하다.

제약바이오업종에는 특히 스타트업이 많으며 이들은 파격적인 연봉과 스톡옵션을 제공하는 조건으로 인재를 모집한다. 어느 정도 성공 가능성이 보이면 투자 대비 고수익을 올릴 수 있기 때문에 막대한 투자금을 유치하여 창업하는 경우가 많다.

수년간 심각한 적자 상태여도 계속 투자를 유치하는 기업이 있을 정도이다. 이런 기업은 재무제표와 PER, PBR, 부채비율의 수치가 상당히 좋지 않다는 점에서 불안정하다. 하지만 다른 분야의 업종과 동일한 잣대를 대기는 어려우므로 지원 기업의 사업 잠재력을 보는 것이 더 중요하다.

제약바이오 기업에서는 모든 의약품을 제조할 때 GMP^{Good Manufacturing Practice}라는 '완제의약품 제조 및 품질관리기준'을 의무적으로 지켜야 한다. 따라서 GMP에 대한 기본 지식을 쌓아두는 것이 취업에도 유리하다.

워낙 변화무쌍한 분야인만큼 대부분 기업 문화가 활발하고 수평적인 관계를 유지한다. 몇몇 스타트업에서는 대표를 영어 이름으로 부를 정도로 직급이나 호칭이 파격적인 경우도 있다. 젊은 직원이 많아서 업무 분위기도 유연하다.

운수장비업종

운수장비는 쉽게 말하면 물건이나 사람을 나르는 기계 장치인 자동차를 말한다. 국내에서 자동차를 직접 생산해 판매하는 기업은 현대자동차, 기아자동차 정도

이며, 도이치모터스는 해외 차량을 수입하여 판매하는 사업을 하고 있다.

화석연료를 이용한 내연기관 자동차는 기술적으로 성숙한 상황이어서 일반 가전제품처럼 디자인을 개선하거나 각종 기능을 추가해가며 완만하게 성장하고 있다. 최근에는 환경 문제 때문에 시장이 매우 커지고 있는 전기자동차와 수소자동차 사업을 진행하고 있다.

일반 자동차 생산 공정을 담당하는 직무는 정해진 절차와 공정에 익숙해지면 안정적으로 업무를 해나갈 수 있지만 자신이 발전한다는 느낌은 거의 없고 쉽게 무료해질 수 있다. 반면 전기자동차나 수소자동차와 관련된 직무를 수행한다면 배워야 할 것이 많으므로 각각의 장단점을 살펴보고 자신의 장래와 적성에 맞는 직무를 선택하는 것이 좋다.

생산 위주의 제조업인 운수장비업종은 보수적인 경향이 강하다. 특히 대졸 사원은 대부분 관리직군이 되어 생산 관리를 해야 하는 만큼 리더십에 강점이 있는 사람이 지원하면 좋다. 신사업을 개척하거나 신기술을 개발하는 연구소 등은 생산 현장보다 수평적인 분위기에서 일할 수 있고, 직접 새로운 프로젝트를 기획하고 진행하거나 진행 중인 프로젝트에 대해 자신의 의견을 자유롭게 낼 수 있다. 자기 발전을 중요하게 여기고 새로운 일을 추진하는 것을 즐거워하는 사람에게는 매력적인 직무가 될 수 있다.

서비스업종

서비스업종은 매우 광범위하지만 여기서 소개하는 분야는 IT, 미디어, 게임 관련 산업이다. 최근 엄청나게 성장하고 있는 카카오, 네이버, 엔씨소프트 등이 대표적인 기업이다. 이러한 굵직한 기업 외에도 다양한 규모의 수많은 기업이 빠르게 생겨나고 있으며 시장 역시 급격하게 팽창하고 있다.

이들 기업의 중요한 특징은 개발자가 많다는 것이다. IT 서비스를 제공하는 유튜브 같은 플랫폼을 개발하든 특정 게임이나 소프트웨어를 개발하든 개발자들의 노력을 주축으로 서비스 제품이 탄생한다. 2000년 초반에 일어난 '닷컴 열풍' 때보다 더욱 많은 IT 전문가가 필요한 상황이 되면서 연봉이 가장 높은 직업 중 하나가 되었다. 그러나 연봉이 높은 만큼 개발자 생활은 결코 쉽지 않다. 빠르게 변화하는 기술을 따라가려면 끊임없는 노력이 필요하며 밤낮없이 일하느라 삶의 균형이 깨질 수도 있기 때문이다. 다만 개발자가 노력한 만큼 연봉 외에 보상해주는 문화가 자리 잡아 처우가 좋다. 공대생이라고 해서 꼭 개발자 직군에만 지원할 수 있는 건 아니다. 프로젝트를 관리, 기획하는 직무도 수행할 수 있으므로 자신의 적성과 능력에 따라 커리어를 쌓아갈 수 있다.

젊고 빠르게 변화하는 산업이어서 기업 문화는 상당히 개방적이고 수평적이다. 출퇴근이 자유로운 유연근무제를 도입하는 기업이 많고 다른 전통적인 산업처럼 조직에 충성을 요구하거나 상명하복을 강요하는 일도 적다. 실력만 갖추고 있다면 본인의 역량을 원하는 만큼 펼쳐 보일 수 있는 분야이다.

외국계 기업

외국계 기업도 앞선 업종별 설명에 넣어 분류할 수 있다. 그럼에도 외국계 기업으로 분류해 소개하는 이유는 국내 기업과는 다른 기업 문화와 특징을 가지고 있기 때문이다.

우리나라로 진출한 외국계 기업의 수는 지속적으로 늘고

Position: Process Engineer

Type: Permanent staff
Location: South Korea
Requirement: 4 Year University Degree

Primary role will be to design and operate the chemical plant, provide field services, maintain the facility, and reduce the equipment down time, perform the project management activities, and provide maintenance services, in addition to providing all the technical engineering and inspection activities.

You will have a Bachelor's Degree in Chemical Engineering.
Knowledge of ASPEN Plus or other equivalent process simulation is preferred.
Knowledge of process engineering activities such as PFD, P&ID development, process datasheet, line list is preferred.
You will support lead engineer for the process design review, follow the construction, and lead the commissioning and testing activities for the new chemical plant facilities.

Please apply for the job and we will contact you as soon as possible with more information.

있으며 이제는 무시하지 못할 정도로 많은 기업이 들어와 있다. 기존 한국 기업과 합작하는 경우도 있으나 신설되는 외국계 기업 대부분은 단독 자본으로 진출한다. 공대생들은 대표적인 외국계 기업으로 구글코리아, 한국마이크로소프트, 한국화이자 등을 떠올리겠지만 그 외에도 상당히 좋은 기업이 많다.

외국계 기업은 대체적으로 학벌과 스펙을 중요시하는 국내 기업과 달리 직무 능력을 좀 더 중요하게 여기기 때문에 신입 사원을 채용할 때도 이를 중점으로 고려한다. 오래전부터 회사에 대한 충성도를 따지기보다는 기업에 실질적으로 도움이 되는, 직무 능력이 있는 사람을 채용하는 것을 가장 중요하게 생각해왔다. 능력을 보여준다면 정규직보다 계약직이 더 많은 연봉을 받는 경우가 있을 정도이다.

외국계 기업의 채용 공고를 보면 이런 점을 확실히 알 수 있다. 채용 공고는 상당히 자세한 직무기술서와 요구 조건들을 포함하고 있기 때문에 이에 맞추어 서류를 작성하고 면접을 치러야만 성공적으로 취업할 수 있다. 대학을 갓 졸업했거나 졸업 예정자라고 해도 학창 시절 경험이나 인턴 같은 다양한 대외활동을 직무와 연관시켜 준비한다면 긍정적인 결과를 얻을 수 있다.

공기업·공공기관

안정적인 직업을 선호하는 요즘 공기업과 공공기관은 꿈의 직장이라고 불린다. 대신 어느 기업보다도 경쟁이 치열하고 채용 과정도 까다롭다. NCS 기반 적성 검사와 수차례의 채용 과정을 성공적으로 거쳐야만 입사할 수 있다.

특히 직무 능력을 중심으로 채용하기 위해 NCS를 중시하는 만큼 대부분의 공기업이나 공공기관에 지원하려면 NCS 준비가 필수다. 그러나 앞서 살펴보았듯이 NCS는 별도로 많은 시간을 들여 준비해야 하는, 결코 만만한 시험이 아니다. NCS에 관한 여러 가지 공통 기본서와 문제집이 판매되고 있지만 많은 과목을 공부해야 하고 출제 문제도 기업·기관별로 천차만별이기 때문에 더욱 쉽지 않다.

NCS는 진정한 영어 실력을 평가하기보다는 순발력과 스킬을 이용해 최대한 높은 점수를 받아야 하는 토익 시험과 비슷하다. 짧은 시간에 많은 문제를 풀기 위해 지속적인 훈련으로 순발력을 강화해야 한다는 의미이다. 문제를 푸는 스킬도 중요하다. 토익 시험에서 문법 문제를 풀 때 특정 공식을 이용해 재빠르게 풀듯이 NCS도 비슷한 방식으로 해결해야 하는 것이다. 결국 시중에 있는 다양한 NCS 문제집을 최대한 많이 풀어보는 수밖에 없다.

NCS 필기 시험을 통과한다고 해서 NCS가 끝난 것이 아니다. 면접 전형도 NCS를 기반으로 하기 때문이다. 다만 면접 단계부터는 자신이 지원한 직무와 관련된 내용을 위주로 자신 있게 이야기할 수 있다면 큰 문제는 없다. 채용 공고에서 요구하는 직무기술서를 위주로 준비하고, 해당 직무를 잘 수행해낼 수 있다는 점을 강조한다면 좋은 결과를 얻을 것이다.

직무별 적성과
특징

이제는 공무원 같은 특수한 경우를 제외하고 평생 직장은 없다고 말한다. 따라서 본인이 잘할 수 있는 직무를 선택해 집중하는 것이 더욱 중요해졌다. 자신에게 맞는 직무를 잘 선택해서 전문가가 된다면 한 직장에 얽매일 필요 없이 어느 곳에서든 자신의 능력을 펼쳐 보일 수 있다. 앞으로는 직장보다 직무를 중요하게 여기고 자신이 즐길 수 있는 일을 하는 것이 중요하기 때문이다.

그렇다면 어떤 직무를 선택하는 것이 좋을까? 공대생도 일반적인 경영관리나 기획, 영업, 구매 등의 직무를 선택할 수 있겠지만, 여기에서는 최대한 공대생의 전공을 살릴 수 있는 직무를 위주로 소개한다.

기술영업직무

기술영업직무는 말 그대로 어떠한 기술을 영업하는 직무이다. 특히 기술영업은 팔고자 하는 기술을 충분히 이해하고 잘 알아야만 판매할 수 있다.

신입 사원을 선발할 때 관련 기술 전공자를 뽑는 경우가 많다. 그 분야에 대한 전문 지식과 경험을 보유해야만 해당 직무를 충실히 수행할 수 있기 때문이다. 대학을 갓 졸업한 사람도 할 수는 있지만 일정 이상 엔지니어 실무 경력을 쌓은 사람이 빛을 발할 수 있는 직무이다. 만약 대학을 졸업하자마자 취업에 성공해 기술영업직무를 맡게 된다면 먼저 기술을 철저히 이해한 뒤 기술을 도입했을 때의 장점, 경쟁 기술과의 차별성 등을 잘 설명해 구매하려는 사람을 설득할 수 있어야 한다. 가능하면 기술을 개발·연구하는 실무 부서에서 몇 개월 정도 일하면서 담당자가 하는 업무를 잘 파악하는 것이 중요하다. 또는 기술 담당 부서로 입사하더라도 기술영업 업무에 좀 더 관심이 간다면 일정 기간 해당 실무 경력을 쌓은 뒤에 할 수 있다.

사람을 만나기 좋아하는 외향적인 성격과 더불어 기술에 대한 전문 지식을 보유하고 있으면 최고의 직무가 될 수 있다. 영업직무는 노력한다고 해서 누구나 할 수 있는 직무가 아니기 때문에 공대생으로서 전문 지식을 보유하고 업무를 해나간다면 전문 경력을 쌓을 수 있는 직무이다.

설계직무

공학 이론에 정통한 공대생이 많이 선택하는 직무가 공학 이론을 실현하는 첫 단계인 설계 업무를 하는 직무이다. 공통적으로 주어진 대상이나 시스템을 구상하고, 구상한 것이 실현되기 전까지 문서로 표현하는 업무를 담당한다. 설계 대상은 작은 기계 장치부터 거대한 플랜트 설비, 실제 형상은 없는 소프트웨어까지 범위가 다양하다.

설계직무는 구상한 대상이나 시스템이 현실적으로 실현되기 전에 구현해야 하므로 어느 정도 상상력이 있어야 알맞은 역할을 할 수 있다. 자신이 설계한 것을 바로 실현하고 제대로 작동하도록 만들어야 하기 때문에 이에 대한 감이 없으면 상당히 힘들다. 또한 설계직무 특성상 시간과 노력이 많이 들어가기 때문에 업무 스트레스가 큰 편이다. 이처럼 인내력과 상상력을 함께 갖추어야 하는 직무이다.

설계직무는 남들과는 다른 차별성을 가질 수 있는 직무이기도 하다. 이론과 경험을 겸비한 설계 전문가로 성장한다면 소속 기업분만 아니라 어느 곳에 가든 전문성을 인정받을 수 있기 때문에 공대생에게 적극 권장하고 싶은 직무 중 하나이다.

생산관리직무

생산관리직무는 제품이 생산되는 공정 시스템에 대한 관리를 수행한다. 쉽게 말하면 공장에서 소비자에게 필요한 제품이 제대로 생산될 수 있도록 총괄 관리를 하는 것이다. 기술영업직무나 설계직무는 현장과 관련 없는 경우가 많지만, 생산관리직무는 현장과 직접적으로 관련 있다.

무엇보다 함께 일하는 다양한 생산직 운전원들에게 지시를 내리고 제품이 원활하게 생산될 수 있도록 관리해야 하므로 부담감이 꽤 크고, 사소한 실수나 설비 결함 때문에 공장이 멈출 수도 있으므로 담당자가 느끼는 책임감과 스트레스가 심한 편이다. 하지만 자신이 맡은 일을 주도적으로 지휘할 수 있고, 일을 추진하고 성취하는 것에 큰 보람을 느끼는 사람이라면 적성에 맞을 확률이 매우 높다.

연구개발직무

연구개발직무는 유무형의 제품과 서비스를 연구하고 개발하거나 기존 시스템을 개선하는 등의 일을 담당하는 직무이다. 계속 새로운 것을 생각하고 개발하는 일을 즐기는 사람에게 적합하다. 반복적인 업무를 하고 싶은 사람, 영업직무처럼 사람들을 만나 친화력을 발휘하고 싶은 사람은 적성에 맞지 않을 수 있다.

연구개발직무는 석사학위와 박사학위 소지자를 위주로 채용한다. 드물게 학사학위만 소지한 사람도 연구개발을 수행할 수는 있으나 주도적인 역할을 하기보다 보조적인 업무를 수행한다. 석사학위와 박사학위 소지자 중에는 박사학위 소지자가 연구개발과 관련한 경험이 더 많으므로 업무 주도권을 쥐기 쉽다. 그렇다고 실망할 필요는 없다. 회사에 다니면서도 야간이나 파트타임으로 대학원에 진학할 수 있는 기회가 많기 때문이다.

대학 3, 4학년이 되면 많은 학생이 대학원을 갈지 바로 취업할지 고민에 빠진다. 이때는 연구개발직무를 미리 경험할 수 있는 연구실이나 기업 연구소에서 인턴을 해보면 좋다. 종종 취업이 잘되지 않아 도피성으로 대학원에 진학하는 사람들도 있는데 바람직하지 않다. 연구개발이 적성에 맞지 않는데도 억지로 하려다 그 기간을 큰 소득 없이 흘려보낼 수 있기 때문이다.

석사학위까지는 그나마 괜찮지만 박사학위만큼은 절대 도피성으로 진학하지 말아야 한다. 대체로 3~5년 사이에 박사학위를 취득하지만 연구 결과가 잘 나오지 않는 경우에는 더 긴 고통의 시간을 보낼 수도 있다. 따라서 박사과정 진학은 신중하게 고민한 뒤 선택해야 하고 석사과정을 밟으면서 연구개발이 자신의 적성에 맞다는 확신을 가져야 한다.

기술기획직무

기획이라고 하면 일반적으로 경영 혹은 사업기획을 떠올리지만, 기술기획은 기술 기반 기업의 기술 프로젝트를 발굴하고 발전시켜나가는 직무로 경영과도 관련 있다. 보통 대학 학부보다는 대학원에서 전공으로 공부하며 공대를 나왔다면 선택할 수 있다.

많은 기업이 기술기획을 전문으로 하는 부서나 팀을 보유하고 있을 정도로 매우 전문적인 직무이다. 연구개발직무와도 관련 있다. 기술기획직무에서 프로젝트를 기획하고 수행 절차 등을 수립하면 연구개발직무에서 이를 심층적으로 연구하고 개발하는 업무를 진행하기 때문이다. 기업의 성장을 위한 신사업이나 신기술을 발굴하는 직무이다 보니 경영진과 매우 밀접하게 소통한다.

기술기획직무는 새로운 것을 창출해 이를 실현하는 것을 좋아하는 사람과 잘 맞는다. 새로운 것을 배우거나 만들어내는 것에 큰 부담과 스트레스를 느낀다면 일하기 어려우므로 이러한 점을 유념하고 지원하는 것이 좋다.

품질관리직무

어떠한 제품이나 서비스를 만들어내면 반드시 거치는 과정이 바로 품질관리이다. 만든 제품이 시장이나 소비자의 니즈에 맞는지, 각종 법이나 규제에 적합한지 면밀히 파악하여 품질을 관리하는 일이다.

확률 통계를 기반으로 정해진 기준에서 벗어나는 불량품이 발생하는 것을 최소화하고 이를 지속적으로 유지해야 한다. 따라서 품질관리직무는 꼼꼼하면서도 인내력이 강한 성격이 어울리는 경우가 많다.

안전환경직무

안전환경직무는 기업이 안정적이고 지속적으로 사업을 하는 데 필요한, 가장 중요한 직무이다. 안전사고나 재해 때문에 재물과 인명이 피해를 입으면 그 피해 정도가 막심하다. 더 나아가 지역사회의 경제와 환경에도 영향을 줄 수 있기 때문에 안전환경직무의 중요성은 날로 높아지고 있다.

2022년부터 '중대재해처벌법'이 제정되어 시행되는 만큼 안전환경에 관한 전문가가 된다면 유망한 직무이다. 품질관리 직무에서 요구하는 성격과 비슷한 성격을 가진 사람이 적합하며, 특히 책임감이 강한 사람이 지원하면 좋다.

서류 전형 실전

취업의 첫 관문은 서류 전형에 필요한 이력서와 자기소개서를 작성하는 것이다. 학생 시절에 아르바이트나 인턴을 해보았다면 간단한 이력서 하나쯤은 작성한 경험이 있을 것이다. 그러나 본격적인 취업을 하기 위해 작성하는 이력서와 자기소개서는 차원이 다르다.

이력서는 기본 인적 사항, 학력 및 경력 사항, 보유한 자격증 등을 작성하는 서류이다. 이런 내용은 사실 그대로만 작성하면 되므로 크게 어렵지는 않다. 다만 그동안 차곡차곡 쌓아온 역량이 있어야만 적을 수 있는 내용이 많아지므로 만반의 준비가 필요하다. 이력서는 지원 서류 중 채용 담당자가 가장 먼저 보는 서류인 데다 경력이나 자격증은 객관적으로 지원자를 파악할 수 있는 가장 중요한 항목이기도 하다. 이력서에 적는 사항에 대해서는 역량 계발 부분에서 설명했으므로 여기서는 자기소개서에 자주 나오는 항목별로 작성 전략을 소개한다.

자기소개서는 말 그대로 자신에 대해 소개하는 서류이다. 일반적인 자기소개서에서는 주로 성장 배경과 앞으로의 포부 등을 작성하게 했지만, 요즘에는 실질적인 변별력을 주기 위해 대부분 심층적인 항목을 주고 작성하게 한다.

지원 동기와 각오

기업들의 자기소개서에 가장 많이 나오는 항목이다. 해당 분야에 지원하는 이유와 해당 분야에서 일하며 어떻게 기여할 것인가를 묻는 것이다. 경력직 채용은 특정한 세부 직무 담당자를 채용하기 때문에 구체적이지만, 신입 공채의 경우에는 직무를 세부적으로 나누지 않는 편이다. 공대생이 지원할 만한 직무로는 설계, 생산관리, 기술영업, 기술기획, 안전관리 등이 있다. 설계직무라면 그중에서도 학과 전공과 비슷한 기계설계, 공정설계, 전기설계 등과 같은 정도로만 나누어 채용하고 다른 직무도 마찬가지이다.

취업을 준비하는 상태에서는 기업에 들어가더라도 구체적으로 무슨 일을 할지는 모른다. 최소한 이 정도 수준으로 직무를 나누어 채용하는 곳이라면 자기소개서도 구체적으로 작성할 수 있다. 예를 들어 기계설계직무에 지원한다면 지원 동기와 각오 항목에 자신이 학과를 선택한 이유와 그동안 쌓아온 역량을 통해 기여할 수 있는 부분을 작성하면 된다. 여기에서 남들과 차별화할 수 있는 전략은 바로 지원 기업에 대해 상세히 알아보고 작성하는 것이다. 지원 기업 정보는 앞에서 설명한 것들을 활용해 파악하면 된다. 전자공시시스템, 지원 기업과 관련된 뉴스 검색, 그리고 유튜브에 올라온 지원 기업의 소개 영상 및 브이로그 등에서 본 내용을 토대로 작성하면 채용 담당자의 관심을 끌 수 있을 것이다.

또한 기업이 원하는 인재상에 자신이 적합하다는 점을 어필하는 것이 중요하다. 사람의 성격이 모두 다르듯이 기업들도 사업 방향, 조직 문화, 원하는 인재가 다르다. 지원자가 간절하게 취업을 원하는 만큼 기업에서도 자신들에게 맞는 인재를 채용하고 싶어 한다. 그래서 인재상은 기업 홈페이지의 채용 부분에 소개하는 경우가 많다. 결국 지원 동기는 자신이 얼마나 직무를 잘해낼 수 있는지, 지원 기업에서 원하는 인재상에 자신이 얼마나 적합한지 보여주는 내용 위주로 작성하는 것이 좋다.

[안전관리직무 지원]

○○전자는 열정과 비전을 가지고 조직과 직원이 함께 성장하는 것을 모토로 삼고 있습니다. 제가 가장 중요하게 생각하는 점이 바로 ○○전자의 모토처럼 제 자신이 성장하면서 기업이 함께 잘되는 것이었기에 지원하게 되었습니다. 모집 분야인 안전관리직무 또한 학창 시절에 가장 관심이 있던 직무였습니다. 아무리 사업이 잘되더라도 중대 사고가 한 번 발생하면 되돌릴 수 없는 지경에 이를 수 있고, 이러한 중대 사고는 하인리히의 1:29:300 법칙에서 해석하는 것과 같이 많은 경미한 사고와 징후에 따라 발생하므로 철저하게 관리한다면 예방할 수 있기에 안전관리직무를 잘 수행해야만 합니다.

이러한 안전관리에 대한 중요성을 일찍이 깨닫고 꼭 하고 싶었기에 기계공학을 전공으로 하면서도 산업안전기사를 취득하고 한국산업안전보건공단의 홈페이지에서 각종 사고 사례와 예방법을 찾아보며 별도로 학습하는 등 전문 지식을 쌓으려고 노력했습니다.

또한 ○○ 기업에서 인턴을 하며 실제 현장에서는 어떠한 방식으로 안전을 관리하고 관련된 인허가 문서를 작성하는지 경험했습니다. 기본적인 기계공학 전공 지식, 안전관리와 관련된 전문 자격증과 경험을 모두 겸비하고 있으므로 ○○전자의 안전관리를 맡게 된다면 그 누구보다도 잘해낼 자신이 있습니다.

[설계직무 지원]

대학 시절 플랜트 공정설계 과목을 수강하면서 플랜트 엔지니어링에 대한 매력을 느낄 수 있었고 향후 반드시 그 분야에 종사하면 전문가로 발돋움하고 싶다는 꿈을 키웠습니다.

이를 위해 기본적인 직무 자격증인 화공기사와 위험물산업기사를 취득하였고, 관련된 과목을 위주로 수강하면서 좋은 성적을 얻었습니다. 특히 요소설계라는 과목은 가장 재미있는 과목 중의 하나였는데, ○○ 생산 공정에 대해 공정흐름도(PFD)를 작성하고 각 단위 장치에 대한 공정배관계장도(P&ID)를 작성함으로써 기본적인 공정설계 실력을 갖출 수 있었습니다. 또한 ASPEN Plus라는 공정 시뮬레이션 프로그램을 활용하여 열물질수지와 같은 자료도 도출해보았습니다. 이는 수업에는 포함되어 있지 않았지만 과목 교수님께 찾아가서 배우고 싶다고 하였고, 결과적으로 제 성과물이 연구 과제에 기여할 수 있었습니다.

○○엔지니어링은 인재를 가장 우선시하는 기업으로 제가 추구하는 가치와 동일합니다. 제 자신을 발전시켜나가면서 회사도 함께 발전한다면 그보다 큰 보람은 없을 것이라고 생각합니다. 앞으로 ○○엔지니어링 발전 전략 중 하나인 플랜트 기본 설계 전문회사로의 도약에 기여할 수 있다고 자신하며 최고의 플랜트 공정설계 전문가가 될 수 있도록 노력하겠습니다.

자신의 장단점

지원 동기와 각오를 묻는 항목과 더불어 자주 나오는 항목이다. 말 그대로 자신의 장점과 단점을 작성하면 되지만 장점은 작성하기 쉬운 반면 단점을 작성할 때는 많은 지원자가 고민에 빠진다. 단점을 있는 그대로 작성한다면 당연히 채용 담당자 입장에서는 부정적인 시각이 생길 수밖에 없기 때문이다.

자신의 장단점은 우선 장점과 단점 모두 지원하는 기업의 성격, 요구하는 인재상 등에 맞추어 작성하는 것이 좋다. 예를 들어 해외무역을 하는 기업은 당연히 진취적이면서 불확실성에 빠르게 대처하는 능력을 보유한 사람을 선호할 것이다. 반도체를 만드는 기업은 꼼꼼하면서도 책임감 있는 사람인지, 공정에 문제가 발생할 때 얼마나 빠르게 해결하여 공정을 정상화할 수 있는지에 큰 점수를 줄 것이다. 또한 지원하는 분야를 잘 파악한 뒤 작성해야 한다. 기업이 원하는 인재상이 있더라도 모집 분야가 엔지니어인지 기획인지, 또는 영업인지에 따라 요건이 다르다.

장점의 경우 각 기업과 지원하는 직무 분야에 맞추어 작성해야 한다. 지금까지 살아오면서 겪었던 예시 항목을 곁들이면 좋다. 만약 기술영업직무에 지원한다면 대학 재학 중에 다른 사람을 설득시킨 사례를 넣어 작성한다. 기획직무에 지원한다면 새로운 프로젝트를 만들어냈던 공모전 경험 등을 예시로 들어 참신함 같은 장점을 부각시킨다.

단점의 경우 곧이곧대로 단점만 작성하기보다는 이러한 단점을 극복하기 위해 어떤 노력을 했고, 이를 통해 어떤 개선점이나 성과를 얻었는지 드러내는 것이 핵심이다. 다음 예시와 같이 단점이 있더라도 이를 개선하고자 노력한 예시를 함께 적는다면 채용 담당자에게 좋은 인상을 줄 수 있다.

장점: 소통과 협업

저는 다양한 문화권의 사람을 만나 교류하는 것에 대한 경험이 풍부하고, 편견이나 거부감이 덜하다고 생각합니다. 플랜트 사업은 다양한 국적을 지닌 사람들이 하나의 결과물을 성공적으로 달성하기 위해 노력을 투입하는 프로젝트입니다. 저는 학창 시절에 다양한 국적의 외국인 학생이 잘 적응할 수 있도록 돕는 교내 글로벌센터에서 부직학생으로 근무한 적이 있습니다. 그리고 전공과 관련된 다양한 공모전이나 프로젝트에 도전하는 것을 좋아하여 ○○ 프로젝트 설계 경시대회에서 우수상을 수상한 경험이 있습니다. 혼자 이루어낸

것이 아닌 팀의 리더로서 팀원과 함께 성취한 결과물이기에 더욱 뜻 깊은 경험이었습니다.

단점: 의욕보다는 실천 가능성

의욕이 앞서 여러 일을 동시에 추진하는 경우 목표에 도달하지 못하는 것에 대한 스트레스를 받는 편입니다. 학업뿐만 아니라 다양한 교내외 활동을 하면서 처음에는 적응하기 힘들었지만 일의 우선순위를 정해서 실천하기 위한 계획을 짜고 노력하되, 물리적으로 달성하기가 어렵다고 생각되는 일은 미리 양해를 구하고 정중히 거절하는 법을 배우려고 노력하였습니다. 결과적으로 스스로를 어느 정도 컨트롤할 수 있게 되었고 일을 즐기면서 많은 성과를 이루어냈습니다.

향후 포부

자기소개서에서 가장 마지막에 나오는 항목 중 하나이다. 입사하면 어떻게 자신과 기업을 발전시켜나갈지에 관해 기술한다. 이 항목은 개인과 조직의 발전을 위한 계획과 포부를 중심으로 작성하는 것이 좋다.

우선 개인의 역량 계발을 위한 계획은 앞서 시간 관리 부분에서 다루었듯이 단기, 중기, 장기로 나누어 작성한다. 1년 내외 단기적으로는 조직과 업무에 잘 적응하는 것을 목표로 하고, 5년 내외 중기적으로는 해당 업무를 책임지고 잘 수행하며 10년 이상 장기적으로는 핵심 구성원이 되어 조직을 이끌어나가는 사람이 되거나 새로운 사업과 프로젝트를 발굴하여 조직에 이바지하겠다는 내용이 좋은 예시이다. 조직의 발전은 별도로 작성해도 좋지만 다음 예시와 같이 개인적인 계획을 조합해 작성한다면 효과적으로 향후 포부를 나타낼 수 있다.

○○회사의 기술영업직무에 합격하게 된다면 '고객 만족을 넘어선 고객 감동'을 모토로 회사의 제품이 고객의 마음에 닿을 수 있도록 전문적이면서 따뜻한 서비스를 제공해드리고자 합니다. 이를 위해 저의 앞으로의 포부를 단기(1년), 중기(5년), 장기(10년 후)로 나누어 말씀드리겠습니다.

단기적으로는 회사의 제품에 대해 철저한 이해를 도모하고 다양한 부서와의 협업과 소통을 위하여 조직의 업무 분장을 습득하도록 하겠습니다. 특히 제품에 대한 기술적인 사항을 파악하기 위해 개발팀과 긴밀하게 업무를 진행하고자 합니다.

중기적으로는 습득한 기술 서비스에 대한 전문적인 지식과 경험을 바탕으로 기술영업팀을 리드할 수 있도록 하겠습니다. 또한 고객으로부터 받은 피드백을 경청하고 이를 개발팀에 전달하여 회사의 제품과 서비스가 더욱더 고객의 마음을 움직일 수 있도록 최선을 다하겠습니다.

마지막으로 장기적으로는 기술영업팀의 중추적인 역할을 담당하며 선배를 보좌하고 후배를 양성하는 모범적인 관리자가 되고자 합니다. 경영진부터 고객까지 아우르는 폭넓은 소통과 협업을 통해 한 사람의 몫을 제대로 해내는 기술영업 전문가가 되도록 하겠습니다.

힘들었던 경험과
극복 사례

앞서 살펴본 지원 동기나 장단점, 포부 등은 전통적으로 많이 물어보는 항목이었다면 요즘은 사례 중심의 항목이 많은 편이다. 그중에서도 이렇게 실패담이나 극복 사례를 묻는다. 어린 시절부터 대학에 다닐 때까지 우여곡절을 겪은 사람도 있겠지만, 사실 취업 후에 직장 생활을 하면서 좀 더 힘들고 어려운 상황을 자주 겪는다. 아무래도 학생 때까지는 누군가에게 의지할 수 있었다면 취업 후부터는 온전히 내가 주체가 되므로 책임감이 더욱 커지기 때문이다. 그래서 대다 수 기업이 지원자에게 이러한 경험 사례를 물어봄으로써 과거에 어떻게 극복했는지 알아보고 지원자를 평가하려는 것이다.

직접 많은 경험을 한 사람이라도 기업에 맞는 사례를 들어 작성하는 것이 좋다. 가장 쉬우면서도 적합한 예시가 바로 대학 수업에서 경험한 조별 과제 사례이다. 개인이 아닌 단체로 수행해야 하는 조별 과제는 회사에서 경험하는 조직 생활과 상당히 유사하다. 대부분 서로 모르는 사람들이 수업에서 처음 만나 조장과 조원을 나누고, 특정 과제를 정해진 기간 안에 끝내야 한다.

본인이 원하든 원하지 않든 조장을 맡는 것은 결국 해당 조직을 책임지는 중대한 위치가 된다는 것을 의미한다. 조장은 조원에게 적절한 역할 분담을 해야 하고 조원은 자신에게 주어진 역할을 성실히 해내야 한다. 결국 과제는 조장과 조원의 협업과 상호 이해를 바탕으로 진행할 때 성공적으로 마무리할 수 있다. 말처럼 쉽지만은 않다. 프리라이더Free rider 처럼 주어진 역할을 제대로 하지 않거나 심지어 해당 조직에 나쁜 영향을 미치는 악역이 존재하기 때문이다. 그럼에도 이미 과제는 시작되었고 모두 같은 배를 탄 상태이므로 조장과 조원 모두 어떻게든 잘 진행해야 한다. 이러한 조별 과제를 하며 힘들었던 경험과 이를 극복한 사례가 채용 담당자 입장에서는 상당히 관심이 갈 법한 이야기이므로 슬기롭게 극복한 사례를 적절히 섞어서 작성한다면 좋은 점수를 얻을 수 있다.

좋은 예시를 한 가지 더 든다면 본인의 위치에서 달성하기 어려웠던 경험을 작성하는 것이다. 학생임에도 불구하고 조그만 사업을 진행해서 실패를 극복하고 성공한 사례나 전문가도 취득하기 어려운 자격증을 취득한 사례 등을 말한다. 지원자의 도전 정신과 의지를 보여주는 사례가 될 수 있다.

현재 보유하고 있는 3개의 기사 자격증 취득은 많은 과목을 수강하면서 병행해야 하는 상당히 어려웠던 경험이었습니다. 모두 제가 지원한 ○○직무에는 필수적인 자격증으로 판단하였기에 공부했는데 제한된 시간에 모두 취득하기 위하여 큰 노력을 기울였습니다.

첫째 효율적인 시간 관리를 적용하였습니다. 아침형 인간이 되기 위해 매일 아침 6시까지 도서관에 출석하지 않으면 벌금을 내야 하는 모임을 만들어 규칙적인 학습 시간을 갖도록 하였습니다. 뿐만 아니라 수업 사이의 공강이나 자투리 시간을 최대한 활용하여 기존 학업에 지장이 없도록 하였습니다.

둘째 각 자격증 과목에 대해 큰 줄기를 파악하고 세부적인 내용을 붙여나가는 식으로 학습하기 위해 목차를 위주로 마인드맵을 작성하였습니다. 어떠한 일을 할 때 전체적인 흐름을 아는 것이 중요하다고 생각했고 자격증만을 취득하기 위한 것이 아닌 원리 자체를 이해하여 차후 제 직무에 직접 활용하기 위해서였습니다.

매일 새벽부터 기상하여 종일 집중해야 하는 상당히 힘든 경험이었지만 상기와 같은 방법을 통해 학업을 충실히 하여 전액 장학금을 받았고, 귀사에서 모집하는 ○○직무와 직접적인 연관이 있는 자격증을 모두 취득할 수 있었습니다.

갈등 극복 경험

앞선 질문과 상당히 유사하면서도 다른 항목이다. 사람들과 겪었던 갈등 및 극복한 경험을 작성하면 된다. 대학 시절에 속했던 조직, 즉 학과, 동아리, 조모임 등에서 경험한 사례를 작성하는 것이다. 대학에서는 조별 과제처럼 특별한 상황을 제외하고 자신만 잘하면 좋은 학점을 받을 수 있다. 그러나 회사에서는 사람들과 부대끼면서 일할 수밖에 없다. 본인이 아무리 뛰어난 능력을 가지고 있어도 사람들과 어울려서 공동 목표를 이루는 것에 취약하다면 결코 뛰어나다고 이야기할 수 없다. 기업은 조직과 관련된 질문을 통해 지원자가 얼마나 조직 생활을 잘할 수 있을지 끊임없이 평가하는 것이다.

이러한 질문에는 조별 과제 사례나 학과, 동아리에서 경험한 사례를 쓰면 된다. 중요한 점은 결코 이야기를 지어내면 안 된다는 것이다. 보통 서류 전형을 통과하면 인적성 검사를 실시한다. 지원자는 매우 많은 문제를 제한 시간 안에 생각할 겨를도 없이 본능적으로 풀 수밖에 없다. 따라서 자연스럽게 지원자의 성격과 인성이 드러나고 본성을 파악하는 기준이 된다. 자기소개서 항목에는 솔직하게 자신이 실제 경험한 사례를 작성해야만 그다음 단계를 무난히 통과할 수 있다.

대학 시절 수업을 들으며 수행했던 다양한 프로젝트와 관련하여 일부 프로젝트 진행 시 겪었던 갈등과 이를 해결했던 경험이 있습니다. 프로젝트는 다양한 사람이 모여 협업하여 공동의 성과물을 이루어 내야 하며 팀장을 중심으로 팀원들이 자신의 역할을 충실히 해야 합니다. 그러나 4학년 1학기에 ○○ 시스템 설계 프로젝트를 수행하던 중 초기에 열정이 있어 선정한 조장이 프로젝트를 제대로 이끌어 나가지 못했습니다. 또한 조원들이 제시하는 의견에 대해서는 경청을 하지 않아 주제 선정도 하지 못할 정도로 난항을 겪었습니다.

공식적으로는 이미 선정한 조장을 바꾸기 어려운 상황이었지만 프로젝트는 모두 함께 성공시켜야 하므로 조원들의 의견을 모아 교수님께 전달하였고, 타당한 사유라고 판단되어 제가 조장을 맡아 이끌면서 프로젝트의 주제 선정과 역할 분담을 진행하였습니다.

기존의 조장은 이러한 상황에 불만이 많았지만 조원으로서 맡은 임무를 잘해달라고 설득하였고, 기존 조장은 이를 받아들여 신속하게 프로젝트를 진행하게 되었습니다. 프로젝트가 많이 지연된 상황이었지만 모두를 독려하여 빠르게 진행함으로써 결론적으로는 좋은 성과를 낼 수 있었습니다.

이를 통해 프로젝트는 결국 사람이 함께하는 일이며 리더는 업무뿐만 아니라 사람도 잘 관리해야 한다는 것을 깨달을 수 있었습니다.

개선 경험

기존과는 다른 방식으로 개선했던 경험은 지원자의 창의성을 파악하기 위한 항목이다. 기업은 사업을 지속적, 안정적으로 운영하면 좋겠지만 경쟁 속에서 발전하고 개선하지 않으면 도태될 수밖에 없다. 지원자가 늘 새로운 사업 아이디어를 창출하고 발전시킬 수 있는지 평가하기 위한 것이다.

사실 대학생 입장에서 답변하기는 쉽지 않다. 그래도 창의력을 요구하는 공모전이나 과제 등을 수행했다면 그 경험을 바탕으로 작성할 수 있다. 대학 시절 다양한 공모전에 도전해볼 것을 추천한 이유도 바로 이러한 상황에 대처하기 위해서이다. 공모전이나 과제에서 창의적으로 아이디어를 내고 개선한 경험이 있는 사람은 충분히 작성할 수 있다.

○○ 공모전에서 바이오디젤 생산을 주제로 프로젝트를 진행한 적이 있습니다. 기존 바이오디젤 생산의 문제점은 우리나라에서 원료를 쉽게 구하기 어려우며 생산 단가가 지나치게 비싸서 기존의 자동차 연료와 경쟁하기 어렵다는 점이었습니다.

이러한 단점을 보완하기 위해 우리 프로젝트팀에서는 바이오디젤만을 생산하는 것이 아닌 이를 좀 더 반응시키고 가공하여 값비싼 물질을 만들어내자는 아이디어를 내었고, 다양한 문헌 분석을 통해 가능성 있는 물질을 발견하였습니다.

아직은 실험 초기 단계여서 실제 상용화하기 어려운 문제점을 극복하기 위한 공정을 구상하였고 이에 대한 설계안을 도출하여 제안하였습니다. 결과적으로 우수상을 받아 아이디어를 인정받을 수 있었습니다.

직무 경험

요즘은 대학을 졸업하지 않은 학생에게도 직무 역량을 요구하는 시대이다. 이런 상황에서 대학생들은 쉬어야 하는 방학에도 여러 가지 경험을 하기 위해 애쓰고 있다. 직무 경험과 관련하여 가장 큰 힘을 발휘할 수 있는 것은 인턴 활동이다. 기업 입장에서는 1~2개월 단기 업무를 맡을 사람을 채용하면 교육하는 데 들이는 시간이 더 많기 때문에 인턴 기회가 그렇게 흔하지는 않다.

그럼에도 불구하고 남보다 뛰어난 역량을 어필하여 다양한 기업이나 기관에서 업무 경력을 쌓을 수 있다면 상대적으로 상당한 경쟁력을 지닐 수 있으므로 가능한 인턴 활동을 꼭 하는 것이 좋다. 기업에서 직접 업무를 수행해보는 것만큼 효과적인 직무 경험은 없기 때문이다. 지원하는 기업이 아니더라도 비슷한 업종의 기업에서 했던 인턴 활동을 기재한다면 강한 인상을 줄 수 있을 것이다.

이 항목은 지원자가 기업에서 원하는 일을 해봤는지 또는 최소한 지원하는 직무에 대한 지식을 보유하고 있는지 확인하기 위한 것이다. 학생 때부터 자신의 진로 목표가 뚜렷한 사람은 그동안 쌓은 해당 경험을 토대로 작성하면 채용 담당자에게 좋은 인상을 남길 수 있다. 자신의 진로를 구체적으로 정하지 못한 경우에는 대학 시절 수강한 과목이나 취득한 자격증을 위주로 작성한다. 자격증은 지원자가 상당한 전문성을 갖추었다는 근거인 데다 기업 입장에서도 채용 시 바로 활용할 수 있으므로 이를 어필하는 것이 좀 더 유리하다.

만약 인턴 활동 경험과 보유한 자격증이 없다면 자신이 수강했던 과목 중 직무와 연관이 많으면서 좋은 학점을 받았던 전공과목을 위주로 작성한다. 인턴 활동과 자격증 취득에 비하면 그다지 특별하게 느껴지지 않을 수도 있지만, 수업을 흥미롭게 들었으며 관련된 과제를 하면서 필요한 역량을 쌓았다고 이야기할 수 있다.

학업 면에서는 직무와 관련하여 수강했던 과목을 중심으로 기술하면 좋다. 완전히 직접적으로 관련된 과목이 없어도 가능하면 직무와 연관지어 작성해야 한다. 설계직무는 장치나 시스템 설계와 관련된 과목, 안전이나 품질 관련 직무는 교양으로 수강했던 통계 과목을 언급해도 괜찮다. 전공마다 다르므로 구체적인 예시를 들기는 어려우나 중요한 점은 해당 과목을 통해 무엇을 배웠는지, 지원하는 직무에 어떤 도움이 될지 구체적으로 작성하는 것이다.

사실 채용 담당자는 수강한 과목보다도 직무 경험을 더욱 중요하게 본다. 앞서 이야기한 인턴, 연구 및 실험, 프로젝트 등 각종 대내외 활동 경험을 직무에 맞추어 작성해야 한다. 단순히 어떠한 경험을 했는지 작성하는 것보다 경험을 통해서 해당 직무에 무슨 기여를 할 수 있는지, 입사한다면 기업에 무슨 도움이 될 수 있는지를 자세하게 적는다. 요즘에는 공학교육인증 프로그램을 운영함에 따라 전공과 관련한 프로젝트를 하는 학교도 많으니 이에 대한 경험을 작성해도 좋다. 프로젝트를 책임지는 조장 역할을 했다면 더욱 좋지만, 그렇지 않더라도 자신이 어떻게 기여하여 성공적으로 프로젝트를 마무리했는지 작성한다.

학교 수업과 관련된 프로젝트뿐만 아니라 대내외 공모전, 경시대회와 관련한 경험도 좋다. 대부분 기업에서 학점은 어느 정도 이상만 충족되면 직무 경험을 위주로 지원자의 능력을 검토하므로 완벽한 학점을 갖추기 위해 노력하는 것보다 직무 경험을 다양하게 하는 것이 우선이다.

저는 대학 시절 설계·기술개발직무의 핵심 내용과 관련한 인턴 경험을 보유하고 있습니다. 첫 번째 인턴 경험은 중공업에서의 플랜트 설계 보조 업무입니다. 플랜트는 무수히 많은 문서와 도면으로 설계한 후에야 건설할 수 있는데 프로세스 설계 업무를 보조하면서 핵심 도면인 공장배관계장도 해석 및 배관 리스트, 그리고 데이터시트 작성법을 익혔습니다. 또한 다른 설계 업무 그리고 현장 부서와의 업무 협의 미팅에도 참석하여 전체적인 플랜트 설계의 흐름을 파악해 나갔습니다.

두 번째 인턴 경험은 기술연구원에서의 플랜트 설계 보조 업무입니다. 중공업에서의 인턴 경험이 플랜트의 상세 설계 위주였다면 이번 경험은 개념 설계와 기본 설계를 중심으로 한 업무였습니다. 바이오에탄올을 생산하고 동시에 고부가화합물도 생산하는 프로젝트였습니다. 지도연구원님의 지침에 따라 공정흐름도와 공정배관계장도를 직접 작성하는 업무를 수행하였습니다. 공정설계 패키지에 대한 개념도 습득하게 되어 귀사의 설계 업무를 담당할 경우 신기술에 대한 패키지 자료를 작성할 수 있는 역량을 보유하고 있습니다.

면접 전형 실전

각종 서류 전형과 인적성 검사 등을 무사히 통과했다면 이제 중요한 면접 전형이 남아 있다. 면접 절차와 방식은 기업과 기관에 따라 다르지만 보통 여러 단계에 걸쳐 진행한다. 가장 대표적인 면접 유형인 실무, 역량, 인성, 토론, 그리고 임원 면접에 대처하는 방법을 소개한다.

실무 면접

실무 면접은 기업에서 사람을 채용하는 이유와 직접적으로 연관되는 면접이다. 실무 면접은 지원자가 지원 분야나 직무에 대한 전문적인 지식과 경험을 가지고 있는지, 과연 해당 직무를 잘 수행할 수 있을지 판단하는 과정으로써 일반적으로 해당 부서의 장이나 리더급 실무자가 직접 평가한다.

대면형 면접

대면형 면접은 일대일, 일대다, 다대일, 다대다 형태로 면접관과 지원자가 질문과 답변을 주고받는 유형이다. 신입 공채는 지원자가 많기 때문에 주로 다대다 형식으로 진행하며, 좀 더 전문적인 직무 또는 경력직을 채용하는 경우라면 다대일 형식으로 진행한다. 다대다 형식은 면접관과 지원자가 각각 3~5명으로 구성된다.

　대면형 면접은 면접장 밖에서 대기하던 지원자가 입장하면 순서대로 착석한 뒤 면접관이 묻는 질문에 답변한다. 예전에는 한두 사람에게 질문이 편중되거나 자기소개서 등을 보고 크게 관심이 가지 않는 사람에게는 거의 질문하지 않는 경우도 많았다. 요즘은 공정한 채용을 위해 동일한 질문을 하고 지원자의 답변을 차례대로 듣는 경우가 많다. 또한 가장 처음 답변해야 하는 지원자는 당황하기 쉽고 다음 답변 순서를 기다리는 지원자는 약간이나마 생각할 여유가 생긴다. 이러한 상황 때문에 질문에 답변하는 순서를 바꾸어가며 들음으로써 최대한 공정성을 지키고자 노력하는 추세이다.

대면형 면접은 다른 사람의 답변과 비교할 수밖에 없는 상대평가나 마찬가지이다. 남보다 돋보이는 답변을 할수록 좋은 점수를 받는 것이다. 답변할 때는 최대한 자신감 있는 태도로 질문한 면접관의 눈을 쳐다보면서 설득하듯이 이야기한다. 전혀 모르는 질문이 나오면 당황해서 엉뚱한 답변을 하기보다 솔직하게 모른다고 답하는 편이 낫다.

몇 가지 실무 면접 예시를 소개한다. 다대다 면접 형식에서 기술적인 질문을 받는다면 객관적인 내용을 중심으로 이야기하는 것이 중요하다. 반도체 회사의 면접이라면 SRAM과 DRAM의 차이는 무엇인가, 플래시메모리란 무엇인가와 같은 질문을 할 수 있고, 플랜트 회사라면 PFD(공정흐름도)와 P&ID(공정배관계장도)의 차이를 설명하라 또는 열물질수지의 중요성을 설명하라는 질문을 할 수 있다. 해당 전공과목을 듣지 않거나 관심이 없었다면 상당히 어려운 질문으로 모른다고 해도 지어내 답변하는 것조차 쉽지 않다. 이런 유형의 질문에는 왕도가 없다. 너무 광범위한 분야에 걸쳐 지원하지 말고 학교에 다니면서 흥미를 느낀 특정 분야나 과목과 관련한 기업에 지원해야 한다.

　비즈니스와 관련된 질문은 기술 중심 질문과는 달라서 지원 기업 제품이나 서비스의 시장 상황을 잘 알고 있어야만 수월하게 답변할 수 있다. 배터리 기업이라면 배터리 시장의 현황과 향후 전망에 대해 질문할 수 있으며, 건설 기업이라면 국내외 건설 경기 동향, 향후 아파트나 플랜트의 시장 동향이 어떻게 될지 근거를 뒷받침하여 설명하라는 식의 질문을 할 수 있다. 이러한 질문은 서류 전형에 합격한 후 면접을 준비할 때부터 학습해도 충분하다. 최근 2년 정도 해당 기업과 관련된 뉴스를 꼼꼼히 분석하고 이와 관련된 해외 및 국내시장 상황을 파악한다.

　시장 상황을 파악할 때 유용하게 활용할 수 있는 자료는 증권사에서 발간하는 리포트이다. 각 증권사는 화학, 건설, 전자 등 분야별로 주요 기업에 대한 분석 리포트를 주기적으로 발간해 앞으로의 동향을 투자자들에게 제공한다. 분석 리포트를 작성하는 애널리스트들은 해당 산업 분야와 기업들의 뉴스, 기업 정보를 수집할 뿐만 아니라 때로는 기업에 직접 방문해 상세하게 분석한다. 기업들은 애널리스트에게 가능한 한 많은 정보를 제공해주므로 최신 상황을 알 수 있는 양질의 리포트를 발간한다. 코스피, 코스닥과 같은 주식시장에 상장된 기업 위주로 분석 결과를 제공하기 때문에 비상장 기업의 정보를 얻기는 비교적 어려울 수도 있지만 현재 해당 분야의 시장 상황을 익히는데는 전혀 부족함이 없다.

발표형 면접

발표형 면접은 다대일 형식으로 진행된다. 지원자는 발표 전에 질문지를 미리 받아 내용을 준비한 후 면접관 앞에서 발표한다. 준비하는 시간이 그렇게 길지는 않으므로 최대한 요점만 정리해 이야기해야 한다. 질문에 관한 이론적인 설명 외에 응용 사례, 더 나아가 지원 기업에 어떻게 적용하면 좋을지 말하면 아주 좋은 점수를 받을 수 있다.

발표형 면접은 영어로 발표하는 경우도 적지 않다. 평소에 영어로 발표하는 연습을 했다면 이를 해내지 못하는 다른 지원자보다 크게 돋보일 수 있는 기회이다. 기업에 따라 직무 발표를 영어로 해야 한다고 미리 공지하는 경우도 있다. 면접 전에 주어진 주제와 관련하여 영어 스크립트를 작성한 후 무조건 많이 연습하는 것이 좋다. 준비한 스크립트를 그대로 외웠다가 실제 면접을 볼 때 기억나지 않으면 당황하여 준비한 것을 제대로 보여줄 수 없다. 중요한 키워드를 중심으로 개략적인 내용을 외운 뒤 면접에서 구체적 설명을 덧붙여 자연스럽게 발표할 수 있도록 해야 한다.

발표형 면접의 대표적인 예시로 공대생이라면 대부분 배우는 열역학 법칙에 관한 설명이 있다. 기본적으로 열역학 제1, 제2, 제3법칙에 대한 이론 발표를 하되 각 법칙을 업무에 어떻게 응용할지 설명해야 한다. 만약 플랜트 설계 회사라면 열역학 제1법칙인 에너지 보존 법칙을 들어 어떻게 시스템을 설계하고 운전하면 좋을지 풀어낸다. 반도체 기업이라면 반도체에 특화한 응용 사례인 전자와 정공의 평형 상태, 화학기상증착 공정에 응용되는 열역학 이론 등을 설명하면 면접관의 마음을 충분히 사로잡을 수 있다.

역량 면접

역량 면접은 직무의 중요성이 높아지고 있는 근래에 많이 실시하는 유형이다. 보통 주어진 시간 내에 역량 프리젠테이션을 한 뒤에 면접관과 질의응답을 진행한다. 실무 면접과 유사하지만 별도로 소개하는 이유는 준비 방식이 다르기 때문이다.

역량 면접은 자기소개서에 작성한 내용을 기초로 면접관에게 강렬한 인상을 줄 수 있어야 한다. 자료의 구성과 내용뿐만 아니라 발표 스킬이 중요하다. 발표 자료는 기본적으로 자신의 핵심 역량을 요약하여 소개한 후 직무기술서의 항목을 바탕으로 세부 역량을 설명하는 형태로 구성한다. 이때 중요한 점은 기업에서 요구하거나 필요로 하는 직무를 위주로 작성하고 발표해야 한다는 것이다. 일례로 지원자를 선발하는 직무가 개발이나 설계라면 자신이 학창 시절에 다양한 대내외 활동을 하면서 수행했던 프로젝트 성과물 중 기업에 기여할 수 있는 부분을 강조한다.

세부 역량을 설명하고 나면 마지막으로 다시 한번 요약하고 자신의 비전을 설명한다. 기업마다 가지고 있는 고유의 발전 전략 등 비전과 엮어서 자신과 기업이 동반 성장할 수 있다는 점을 부각하는 것이다.

인성 면접

인성 면접은 역량 면접과 달리 단기 간에 특별한 내용을 준비해서 하기보다는 내면의 솔직함을 보여주는 것이 중요한 면접이다. 면접관의 질문에 맞춰서 답변하려고 머리를 쓰면 오히려 제대로 답변하지 못하거나 답변에 일관성이 없어질 가능성이 높기 때문에 있는 그대로 이야기해야 한다. 인성 면접은 주로 기업의 인사 담당자 또는 외부의 인사 관련 전문가가 참여한다. 인성은 객관적으로 평가할 수 없기 때문에 역량 면접만큼 크게 영향을 주지는 않으나 그래도 해당 기업의 인재상에 적합하지 않다고 판단되면 좋은 점수를 받을 수 없다.

인성 면접을 준비하는 최선의 방법은 기업의 인재상과 조직 문화를 파악하고 가는 것이다. 미리 기업이나 기관의 홈페이지에 들어가 기업이 추구하는 방향과 인재상에 대한 소개 내용을 읽어본다. 지원 기업을 선택할 때 파악한 기업의 방향과 인재상이 자신과 맞는다고 생각해 지원했다면 인성 면접 과정에서 솔직하게 답변하면 된다.

인성 면접에서 알고자 하는 가장 중요한 사항은 지원자가 조직 생활에 적합한지 여부이다. 일부 특별한 경우를 제외하고 조직에서는 한 사람만 잘하면 되는 것이 아니기에 다양한 사람이 협업하고 융화하는 것이 중요하다. 팀장으로서 프로젝트를 진행할 때 한 팀원이 본인의 역할을 충실히 하지 못하고 팀 분위기에 악영향을 주는데도 전혀 개선되지 않는 경우 어떻게 대처할지 묻는 질문이 대표적이다. 가장 좋은 답변은 우선 리더로서 해당 팀원과 여러 방법으로 소통하여 최대한 적합한 임무를 주고, 그럼에도 끝내 개선되지 않아서 팀장의 역할과 권한 내에서 해결할 수 없다면 상사에게 객관적인 상황을 설명하고 팀원 교체 등을 건의한다는 내용이다. 조직에는 각자 맡은 역할과 권한이 있으므로 본인이 노력해도 해결하기 어렵고 권한을 넘어선 경우에는 보다 높은 권한과 책임을 가진 상사에게 위임하여 해결해야 한다.

인성 면접에서 나올 수 있는 질문에 대한 답변은 개인별로 모두 다를 것이다. 따라서 각 예시에 대한 답변보다는 채용 담당자 입장에서 질문의 의도와 대응 방법을 살펴본다.

Q. 우리 기업에 지원한 동기는 무엇인가요?

가장 대표적인 한편 이미 서류 전형에서 심사숙고하여 작성하였기에 답변하기 쉬운 질문이다. 자기소개서에 작성한 내용을 기초로 답변하면서 자신을 보다 어필할 수 있도록 면접관의 눈을 쳐다보며 진정성 있게 말하는 것이 중요하다.

Q. 자신의 장점과 단점을 설명해주세요.

이 질문에서 중요한 것은 장점보다 단점이다. 자기소개서에서 설명한 장단점 작성 전략과 같다. 지원자가 과연 어떠한 단점을 가지고 있으며 단점을 어떻게 보완하려고 하는지 알아보는 것이 핵심이다. 사람은 누구나 장단점을 가지고 있기에 질문을 받으면 이를 역으로 이용하는 것이 좋다.

장점은 각자 가지고 있는 장점을 그대로 설명한다. 단점은 솔직하게 이야기하되 보완하기 위해 어떠한 노력을 했는지 말해야 한다. 예를 들어 대학 시절에 특정한 프로젝트 과제를 수행했던 경험을 들며, 원래 자신은 계획적이지 않아 해당 프로젝트를 수행하는 데 어려움이 있었지만 프로젝트는 여럿이 함께 하는 것이므로 계획을 세워 하나씩 실천해나간 덕분에 성공적으로 마무리했다는 내용을 강조하는 것이다. 이런 식으로 단점을 극복한 부분에 초점을 맞추어 답변한다.

Q. 입사했는데 부득이 타 지역으로 발령이 나면 어떻게 하실 건
가요?

직장 생활을 하다 보면 자신이 원하는 대로 안 되는 일이 자
주 생기는데 강제 발령이 그런 일 중 하나이다. 개인적으로 당
연히 불편한 일이지만 지원자 입장에서는 이미 답이 정해진 질
문이라고 생각해서 무조건 문제없다고 할 수도 있다. 그러나 이
런 경우에는 솔직하게 자신의 상황을 이야기한 후 책임감과 충
성도를 표현하는 방식을 추천한다. 서울에서 태어나고 자라서
개인적으로는 본사 근무가 가장 좋지만 지방 근무를 하게 되어
도 책임감을 가지고 잘할 수 있다고 답할 수 있다.

Q. 대학 성적이 좋지 않은데 이유는 무엇인가요?

대학 시절 성적은 돌이킬 수 없는 사실이므로 인정할 수밖
에 없다. 성적이 좋지 않은 것에 대한 핑계를 대기보다 사실을
인정하는 것이 중요하다. 대신에 자신은 다른 경험과 역량을 쌓
는 데 충실했다는 점을 어필한다. 개인적인 취미 생활을 하느라
성적이 좋지 않은 경우라도 취미 생활 경험을 통해 자신이 어떻

게 성장했는지, 지원하는 직무에 어떻게 도움이 될 수 있을지를 재치 있게 답변한다.

만약 대학 시절 음악 밴드 활동을 했다면 공연을 준비하기 위해 밤낮으로 연습하는 경우가 많았기 때문에 이를 통해 자신의 끈기와 인내력을 보장할 수 있다는 식으로 자신 있게 이야기한다.

Q. 야근이나 주말 근무를 어떻게 생각하나요?

상당히 흔한 질문이며 우리나라 직장인이라면 겪는 대표적인 문제점이다. 외국계 기업에서는 거의 묻지 않는, 조직에 대한 충성을 중시하던 우리나라의 기업 문화 때문에 나오는 질문이다.

무조건 예 혹은 아니오로 답하는 것은 그다지 좋지 않다. 상황에 따라 필요하다면 할 수 있지만, 야근이나 주말 근무를 하면 오히려 일의 효율성이 저하된다는 연구 결과 등 자료를 제시하면서 효율적인 업무 처리를 통해 근무 시간 안에 끝내는 것을 목표로 하겠다 같은 답변을 추천한다.

Q. 본인의 좌우명은 무엇인가요?

'근면 성실', '오늘 걷지 않으면 내일 뛰어야 한다' 등 개인에 따라 다양한 좌우명이 있을 것이다. 좌우명을 이야기할 때는 좌우명 자체보다 좌우명을 기반으로 어떻게 살아왔고 무엇을 성취하였는지, 그리고 앞으로 회사에 어떻게 기여할 수 있을지 포부까지 밝히는 것이 중요하다. 그저 멋있어 보이는 좌우명을 이야기할 뿐 자신의 행적과 결이 같지 않다면 아예 활용하지 않는 편이 낫다.

Q. 리더란 무엇이라고 생각하나요?

리더십에 대한 질문으로써 갖가지 답변이 나올 것이다. 각 기업이나 기관의 조직 문화와 리더십의 특징이 다르고 지원 기업에서는 자신들이 요구하는 리더십을 잘 따르는 직원을 선호하므로 이에 대한 사전 파악이 중요하다.

리더십은 카리스마형, 민주주의형, 변혁형, 파워형, 방임형, 지시형 등 다양한 종류가 있으므로 이 중에서 지원 기업은 어떤 종류의 리더십을 요구하는지 미리 파악하고 답변하면 된다.

Q. 조직 생활에서 가장 중요한 것은 무엇인가요?

이러한 질문은 앞서 이야기한 조직 문화와도 관련 있다. 기업의 창립 이념과 철학에 따라 중요하게 생각하는 점이 다르다. 어떤 기업은 협력과 책임을 중시할 수 있고, 어떤 기업은 신뢰를 중시할 수도 있으며, 스타트업에서는 열정이나 도전 정신을 중요하게 여길 수 있다. 조직 생활에서 일반적으로 중요한 책임감이나 성실함이라고 답변할 수도 있겠지만, 이렇게 기업 맞춤형으로 답변한다면 보다 좋은 인상을 줄 수 있다.

Q. 우리 기업에서 개선되어야 할 사항은 무엇인가요?

지원 기업에 얼마나 관심이 있고 알아봤는지를 묻는 질문으로 사전 학습이 필요하다. 면접을 준비하면서 일차적으로 기업의 여러 가지 사업 방향, 재무 상황을 파악한 뒤 지원 기업이 최근에 겪었던 다양한 이슈나 사고 사례를 참고하면 답변하기 쉽다. 요즘 들어 지원 기업에서 안전사고가 자주 일어난 경우 이를 언급하고 자신의 직무와 연계시켜 무엇을 개선해나갈 수 있을지 계획이나 포부를 이야기한다면 금상첨화이다.

Q. 지금까지 살면서 가장 후회하는 일은 무엇인가요?

자신의 단점을 설명하라는 질문과 유사하다. 누구나 후회하는 일이 있지만 결국 자신이 선택했던 그 일을 통해 무엇인가를 배웠거나 극복한 경험이 있을 것이다. 단지 후회하는 일만 이야기하는 것이 아니라 당시 경험을 통해 자신이 성장한 사례를 든다. 이때 실패한 경험을 묻는 질문과도 연계하여 답변하면 좋다.

Q. 스트레스를 받을 때는 어떻게 해소하나요?

지원자의 생활 습관이나 성격을 파악하고, 회사를 다니면서 겪게 될 스트레스를 적절히 제어하고 업무에 지장을 주지 않을 사람인지 알아보기 위한 질문이다. 또한 지원자의 솔직함을 알아보려는 질문이기도 하다. 이러한 질문에는 자신의 특별한 방법이나 취미 생활 등을 이야기하되 가능하면 스트레스에 강한 편임을 강조한다.

토론 면접

토론 면접도 근래에 상당히 많이 하는 면접 유형이다. 여러 명의 지원자를 모아놓고 한 가지 주제를 준 뒤 토론을 시키고, 토론하는 모습을 면접관들이 지켜보는 형식이다. 보통 토론 면접에서는 면접관이 개입하지 않고 지원자의 재량에 맡기는 경우가 많다. 지원자들끼리 알아서 토론을 진행해보라고 하는 것이다. 지원자 중 한 명이 토론 사회자가 되어 진행한다.

토론 사회자라면 찬반 입장을 경청하며 중립적으로 잘 이끌어나가고 찬성과 반대팀의 의견을 잘 조율하여 모두가 이해할 수 있는 결론을 내리는 것이 좋은 점수를 얻는 비결이다. 토론자라면 주어진 주제에 관해 유창하고 논리적으로 이야기하는 사람이 좋은 점수를 받을 수 있다. 그러나 토론 면접에서 가장 중요한 점은 해당 주제를 얼마나 잘 알고 있는지보다 지원자가 리더십 또는 협업하는 자세를 제대로 보여주는가이다. 자신이 잘 아는 주제라고 해서 남의 말은 듣지도 않고 무시하는 태도를 보인다면 좋지 않은 점수를 받을 확률이 높다. 같은 입장을 가진 사람들과 협업하여 좋은 결론을 이끌어내는 과정이 중요함을 명심하며 참여해야 한다.

다시 말해 면접관들은 지원자의 전문적인 지식보다 지원자가 나중에 조직에 들어와서 동료들과 협업하며 얼마나 조직 생활을 잘할 수 있는지에 중점을 두고 평가한다.

토론 면접의 주제는 당시의 주요 사건이나 이슈를 중심으로 출제할 확률이 높지만, 워낙 예측이 어렵기 때문에 기본적인 토론 예절과 토론 진행 방법을 훈련해두는 것이 가장 좋다. 2022년 기준으로 나올 법한 토론 주제 예시를 들어보면 다음과 같다.

Q. 주 52시간 근무제에 대한 찬반 토론

Q. 블라인드 채용에 대한 찬반 토론

Q. 탈원전 정책에 대한 찬반 토론

Q. 최저임금 인상에 대한 찬반 토론

Q. 일반 의약품의 약국 외 판매에 대한 찬반 토론

Q. 공유 플랫폼 사업 독점 규제에 대한 찬반 토론

Q. 승차 공유 서비스 사업에 대한 찬반 토론

Q. 노키즈존에 대한 찬반 토론

Q. 임금피크제에 대한 찬반 토론

Q. 가상화폐 규제에 대한 찬반 토론

임원 면접

실무 면접과 인성 면접을 통과하면 마지막으로 임원 면접을 보게 된다. 지원 기업이나 기관을 이끌고 있는 경영진이 지원자를 최종 평가하는 면접이다. 일반적으로 실무 면접이 서류 전형 합격자의 5~10배를 선발한다면 임원 면접은 실무 면접 합격자의 2~3배 정도를 추려서 진행한다.

임원 면접은 매우 엄숙한 분위기에서 진행되고 괜스레 어려울 것 같다고 생각할 수 있지만 오히려 실무 면접에 비해서 객관적인 난이도가 낮다. 몰라서 답변을 못하거나 심리적인 압박을 받는 일이 적다.

임원 면접을 보는 경영진은 오랫동안 그 기업의 철학을 몸소 체득해온 사람들이기 때문에 지원자가 과연 자신들의 기업 문화에 적합한가를 판단한다. 또한 오랜 경력을 가지고 있고 다양한 사람을 수없이 만나본 사람들이므로 지원자의 답변을 몇 개 들어보면 어떤 사람인지 대번에 파악할 정도이다. 따라서 솔직하면서도 지원 기업에 대한 이해도와 관심을 위주로 답변한다. 만약 국가와 관련된 공무원 또는 공공기관이라면 지원자의 국가관, 봉사 정신, 그리고 책임감에 대해 좀 더 비중을 둘 수 있으므로 이에 대한 준비를 철저히 해야 한다.

결국 임원 면접은 지원 기업이나 기관의 조직 문화를 완벽하게 이해해야 하며 해당 조직에 기여할 수 있는 인재임을 강조해야 좋은 결과를 얻을 수 있다.

사회 초년생의
경력 관리 플랜

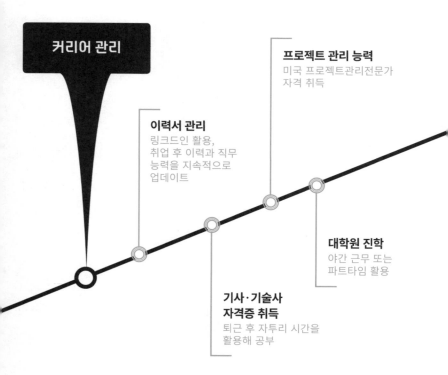

커리어 관리

프로젝트 관리 능력
미국 프로젝트관리전문가
자격 취득

이력서 관리
링크드인 활용,
취업 후 이력과 직무
능력을 지속적으로
업데이트

대학원 진학
야간 근무 또는
파트타임 활용

**기사·기술사
자격증 취득**
퇴근 후 자투리 시간을
활용해 공부

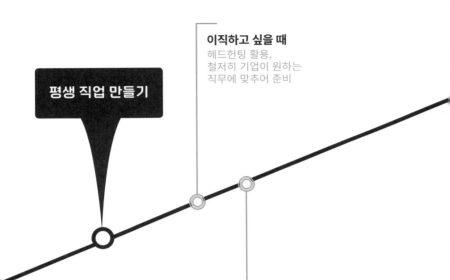

평생 직업 만들기

이직하고 싶을 때
헤드헌팅 활용,
철저히 기업이 원하는
직무에 맞추어 준비

회사 내 직무 변경
직무가 적성에 맞지 않을 때
동료와의 관계에서 어려움을 느낄 때
매너리즘에 빠졌을 때
지금 부서에서는 성장하기
어렵다고 느낄 때

3장
취특
업글

경력을
업그레이드하는 법

대학 시절에는 정해진 교육과정을 따라가면 된다. 나를 지도해 주는 교수님과 친근한 선배들도 있다. 일단 회사에 들어간 뒤에는 자신의 일은 알아서 해야 하며 좀 더 능동적으로 역량을 쌓아야 한다. 물론 회사에서도 선배나 사수가 업무를 가르쳐주지만 각자 자신의 일을 하느라 바빠서 친절한 가르침이나 조언을 얻기 쉽지 않다. 이러한 상황을 반대로 생각하면 교육과정에 얽매이지 않고 자신이 원하는 대로 계획하고 필요한 역량을 키우는 데 유리하다고 볼 수도 있다.

취업 이후에는 '퍼스널 브랜딩'에 더욱 신경 써야 한다. 앞으로 수십 년간 직장 생활을 하면서 얻게 될 지식과 경험을 계획적, 체계적으로 관리해야 한다는 의미이다. 하루가 다르게 급변하는 시대에 평생 직장이라는 개념이 희미해지는 지금, 확실한 커리어 관리는 평생 직업을 만드는 강력한 무기가 된다.

대학 시절이 단거리 달리기와 같았다면 사회에 진출한 이후의 삶은 장거리 마라톤에 비유할 수 있다. 사회생활은 당연히 힘들고 고되기에 더욱더 자신만의 페이스를 조절하면서 개인 시간을 활용하여 차근차근 필요한 역량을 쌓아야 한다.

이 장에서는 공대생에게 추천하는 커리어 관리 방법과 이직 방법에 대해 살펴본다.

취업 후
경력 관리

　　힘든 취업 준비생 시절을 지나 취업을 하게 된 기쁨은 이루 말할 수 없을 것이다. 취업에 성공했다면 이제 그 분야에서 이력을 쌓아나가야 한다. 개인 상황에 따라 미래에 전혀 다른 일을 할 수도 있다. 하지만 취업한 분야가 마음에 들고 지속적으로 관련된 역량을 발전시키고 싶은 사회 초년생 시절부터 확실한 커리어 관리가 필요하다. 커리어 관리를 한 사람과 하지 않은 사람을 10년 후에 비교하면 역량 차이가 뚜렷이 드러난다. 계속 관리해가며 커리어를 쌓다 보면 해당 분야의 독보적인 전문가로 거듭날 수 있을 것이다.

커리어 관리 방법

커리어는 이력을 말하며 해당 직무에 종사하면서 쌓아가는 경험에 대한 기록이다. 취업을 준비할 때는 이력서에 학력, 자격증, 경력 등을 중심으로 작성하는 반면 취업 이후 커리어 관리를 위해 작성하는 이력서는 본인의 전문 분야 위주로 작성하는 것이 좋다. 신입 사원 채용 시에는 학점과 학력, 자격증 등을 위주로 평가한다면, 경력 사원 채용 시에는 지원자가 보유한 경험과 지식을 구체적으로 작성한 직무 위주의 이력서를 요구하기 때문이다.

목표와 계획 수립

취업 이후 커리어 관리는 어떻게 하는 것이 좋을까? 사회 초년생에게 가장 추천하는 방법은 단기, 중기, 장기 목표와 계획을 세우는 것이다. 앞서 역량 계발에서 대학생 기준으로 소개했던 1년 뒤, 5년 뒤, 그리고 10년 뒤 목표를 세우는 방식은 같지만 직장인을 기준으로 한다면 내용이 달라진다. 취업을 한 뒤에는 자신의 커리어를 만들어가는 방향이 구체화되므로 장기 목표를 세우기가 한층 수월할 것이다.

이렇게 목표를 세워보면 앞으로 내가 무엇을 해야 할지 방향이 잡히고 이를 달성하기 위해 구체적으로 노력할 수 있다. 1년 후의 단기 목표만 세우면 먼 미래의 자신을 상상하기 어렵고 10년 뒤의 장기 목표만 세우면 당장 구체적으로 무엇을 해야 할지 막막하다. 일단 목표를 세우기로 마음먹었다면 가장 중요한 장기 목표부터 잡아본다. 이를 기반으로 나머지 목표를 세우기 때문이다.

10년 뒤는 상당히 먼 미래이기에 어떻게 될지 모르지만 현재 상황에서 이루고 싶은 목표나 꿈을 작성해본다. 아주 구체적일 필요는 없다. '나는 이 분야에서 어떠한 사람이 되겠다'와 같은 사명서라고 생각하면 된다. 잘 떠오르지 않을 때는 자신의 롤모델을 참조한다. 롤모델은 직장 상사일 수도 있고, 사회적으로 유명한 사람이거나 한 분야에서 큰 성취를 이룬 사람일 수도 있다. 롤모델의 이력을 살펴보고 본인이 추구하고자 하는 장점만을 파악한 뒤 그 내용을 바탕으로 10년 뒤 모습을 그려본다.

그다음에 5년 뒤 목표를 세워본다. 5년 뒤 목표는 10년 뒤 목표를 세운 사명서를 기반으로 좀 더 구체화하면 쉽게 작성할 수 있다. 목표는 승진일 수도 있고, 긴 시간을 투자해야 하는 어려운 자격증 취득이나 학위과정 이수일 수도 있다.

마지막으로는 당장 1년 동안 세우고 실천할 단기 목표를 세운다. 직무와 관련된 책을 한두 권 정해 공부하기, 직무 관련 교육과정 수강, 자격증 취득일 수도 있고, 매일 습관처럼 해야 하는 운동, 독서 등일 수도 있다. 이렇게 구체적인 목표를 세우면 또다시 한 달마다 목표를 세우고, 매일매일의 목표를 정할 수 있다.

목표는 몇 날 며칠, 몇 달이 걸리더라도 충분한 고민을 거쳐 작성해야 한다. 앞으로 본인의 커리어와 직업적으로 나아갈 방향을 잡아주는 토대가 되기 때문이다. 사람 일이 계획대로만 될 수는 없으므로 목표는 틈틈이 점검하고 필요할 때는 과감하게 수정한다.

이력서 관리

이력서는 주기적으로 업데이트해야 한다. 이력서를 업데이트할 때에는 직무 경험을 체계적으로 정리해나가는 것이 중요하다. 이 작업을 계속하다 보면 자신이 부족한 점이 무엇이고 어떠한 노력을 더 해야 할지 구체적으로 감이 잡힌다. 이 작업은 앞서 세운 목표와도 연관된다. 주기적으로 목표를 점검하면서 병행할 수 있으므로 자신이 목표를 향해 잘하고 있는지 성찰하면서 발전시켜나간다.

직무 경험을 작성하고 관리하는 방법으로는 전 세계에서 가장 많이 활용하는 플랫폼 사이트인 링크드인^{LinkedIn} 활용을 추천한다. 링크드인은 본인의 이력서를 직무 기반으로 작성하고 관리할 수 있는 강력한 기능을 자랑한다. 뿐만 아니라 이력서를 공개하면 경력직으로 채용하고 싶다는 헤드헌팅이나 일정 보수를 지급하고 전문가의 의견이나 도움을 요청하는 자문 의뢰 등 다양한 기회가 찾아올 수 있다. 전 세계인을 대상으로 하는 플랫폼이므로 대개 영어로 작성하나 우리나라에서의 활동만 고려한다면 한글로 작성해도 된다.

링크드인에는 학력이나 자격증 등을 쓰는 기본적인 이력서 항목이 있으며 직무와 관련해 직무 능력을 요약하여 보여줄 수도 있고, 업무 경험과 프로젝트를 수행하며 이룬 성취를 상세하게 나열할 수도 있다. 이것이 커리어 관리의 핵심이다. 다음은 자신의 직무 역량에 대한 요약과 보유 기술에 대한 예시이다.

---

1. 플랜트 공사의 전 단계에 대한 공정설계 수행 능력

- 공정흐름도(PFD) 작성 및 검토 가능

- 공정배관계장도(P&ID) 작성 및 검토 가능

- 장비/계기/밸브 데이터시트(Datasheet) 작성 및 검토 가능

- 열물질수지(H&MB) 시뮬레이션(정적/동적 모사) 가능
- LNG 가스 전처리, 극저온 분리, 액화 및 냉매 공정에 대한 개념 설계부터 상세설계까지 수행 경험
- 가스 생산 플랜트 시운전 단계 참여를 통한 운전 경험 보유

2. 공정 시뮬레이션 및 최적화 능력 보유

- 활용 가능 툴: ASPEN Plus, ASPEN HYSYS(Steady-state, dynamics), gPROMS
- 적용 시스템: CO_2포집(습식)/전환(반응 및 증류 분리), LNG 액화, 흡착(TSA, Temperature Swing Adsorption), 그린수소(풍력, 태양광, 수전해기), 기체분리막 등

3. 체계적인 프로젝트 관리 기술 보유

- 프로젝트관리전문가(PMP) 자격 보유를 통한 전문적인 지식 보유
- 프로젝트 착수부터 종료까지 전 과정 참여를 통한 경험 보유
- 설계 관리(Engineering management) 경험 보유
- 엔지니어링사 성과물 감리 경험 보유

4. 엔지니어링 방법론 개발 및 적용 경험 보유

- NCS 기반의 표준서 작성 경험 보유(HMB 작성 가이드라인, P&ID check list)
- 엔지니어링 인프라 구축 및 교육

- 화공기술사 자격증을 바탕으로 화학공학 전 분야에 대한 전문적인 지식 및 경험 보유
- 재직 중인 회사 및 사외(예: 서울대학교 등) 강사 활동을 통해 수강생들이 공정설계 기본 이론을 습득하도록 하였음
- 화공기술사 전문 서적 출간 경험(《화공기술사 합격노트》)

한시적인 기간 동안 프로젝트를 수행한 경우에는 세부 경력 사항을 다음과 같이 작성할 수 있다.

1. ○○ 필드 가스 및 오일 생산 프로젝트 공정설계

(2018. 01~2019. 12)

- 유럽 지역 ○○ 국가(발주처: ○○ 에너지)의 유·가스전 개발 프로젝트
- 공정설계 책임엔지니어로서 브라운필드(기존 공장의 수정) 담당
· 공정배관계장도(P&ID) 작성 및 검토
· 장비/밸브/계기 계산 문서 작성
· 벤더 데이터 검토
· 해저파이프라인 유동견실성 해석 업무
· 스타트업 및 운전 절차서 작성

2. ○○ 필드 가스 생산 프로젝트 공정설계

(2015. 01 ~ 2017. 12)

- 아시아 지역 ○○ 국가(발주처: ○○ E&P사)의 가스전 개발 프로젝트
- 공정설계 책임 엔지니어
  · FEED 문서 검증 작업
  · 공정흐름도(PFD) 및 공정배관계장도(P&ID) 작성 및 검토
  · 공정 시뮬레이션 수행(HYSYS 프로그램 활용)
  · 엔지니어링사(프랑스 DORIS Engineering) 설계도면 및 문서 감리
  · 장비/밸브/계기 계산 문서 작성
  · 해상 시운전 지원(미얀마 해상 3개월 체류)
  · HAZOP 등 워크숍 참석
  · 스타트업 및 운전 절차서 작성

신입 사원 시절에는 본인이 하는 업무가 사소해 보이고 관리할 만한 이력도 없는 것처럼 보일지 모른다. 그러나 자신의 계획을 점검하고 역량을 발전시키겠다는 마음으로 꾸준히 성취 내용을 작성하다 보면 나중에는 방대하면서도 체계적인 자신만의 고유 이력 포트폴리오가 만들어진다. 바로 해당 분야의 전문가임을 자신 있게 증명할 수 있는 훌륭한 성과물이 된다.

기사·기술사
자격증 취득

자격증은 취업 후에도 공신력 있는 능력을 보여주는 좋은 수단이다. 재학생일 때는 제한 자격 요건 때문에 기사 자격증까지만 취득할 수 있다면, 전문 분야로 들어서는 순간 경험을 바탕으로 한 차원 더 높은 자격증에 도전해볼 수 있다.

기사 자격증

일단 기사 자격증이 없는 상태에서 취업에 성공했더라도 관련 기사 자격 취득을 권장한다. 직무와 관련된 전문 지식을 쌓는 것도 중요하지만 그다음 등급인 기술사 자격 요건을 최대한 빠르게 만족하기 위해서이다. 국가기술자격법에 따르면 기술사는 기사 자격이 없다면 실무 경력 6년을 요구하지만 자격이 있다면 4년 만에 응시 자격이 주어진다. 어차피 해당 분야의 전문가가 되기로 마음먹은 사람에게는 필요한 과정이다. 또한 기사 자격을 보유하고 있으면 수당을 지급하거나 인사 가점을 부여하는 경우가 많은 데다 커리어 강화에도 도움이 되므로 추천한다.

기술사 자격증

다음 단계는 기술사 자격 취득이다. 기술사 자격은 공대생이라면 누구나 취득하고 싶어하는 국가기술자격 중 최고 등급의 자격증이다. 국가에서 정의하는 기술사는 "해당 기술 분야에 관한 고도의 전문 지식과 실무 경험에 입각한 응용 능력을 보유하고 기술자격검정에 합격한 사람"이다. 다시 말해 기술사는 해당 분야의 기술에 대한 계획, 연구, 설계, 분석, 시험, 시공, 그리고 이와 관련한 평가와 지도를 수행하며 이에 대해 법적으로 자격이 있는 사람이다.

기능사, 산업기사, 기사 등급을 거친 후 일정 경력을 보유하면 응시 자격이 주어지는 기술사는 고용노동부의 국가기술자격법령에 근거하여 주어지며 관련 사업법령에 따라 우대된다. 프로젝트를 수행할 때 기술사 자격을 보유한 사람이 몇 명 이상 필요하다거나 감리, 평가를 받을 때 기술사 자격을 소지한 사람을 요구하는 경우 등이다. 또한 많은 기업에서 기술사 자격을 보유하고 있으면 수당을 지급하거나 경력 평점을 높여주므로 연봉 상승 효과도 있다.

기술사 자격은 다른 기술 자격과 비슷하게 분야별로 취득할 수 있다. 예를 들어 건설 분야의 경우 건축시공기술사, 건축 구조기술사, 토목시공기술사, 토목품질시험기술사 등이 있고, 재료 분야의 경우 금속재료기술사, 금속가공기술사 등이 있으며 안전관리 분야의 경우 건설안전기술사, 기계안전기술사, 화공안전기술사 등이 있다. 대부분의 공대생은 회사에서 어느 정도 실무 경력을 쌓으면 시험에 응시할 수 있다.

　보통 기술사 자격은 짧으면 6개월에서 길게는 수년이 소요될 정도로 많은 시간과 노력을 들여야 한다. 일해야 하는 직장인은 자투리 시간을 활용하는 수밖에 없다. 그러나 여덟 시간 이상 일하고 난 뒤 집에 돌아오면 당연히 쉬고 싶은 마음이 든다. 게다가 가정을 꾸리고 있는 경우도 많아서 처음 다짐한 대로 공부하기는 쉽지 않을 것이다. 그럼에도 '인간은 적응하는 동물'이라는 말처럼 가족들의 양해를 얻어서 매일 자투리 시간을 확보한다면 공부할 시간은 충분히 마련할 수 있다. 집에서 공부하기 어렵다면 독서실에 등록하여 매일 2~3시간씩 꾸준히 6개월 이상 학습한다면 기술사 자격에 합격할 수 있다.

　기술사 자격은 필기 시험과 면접 시험으로 이루어져 있는데 필기 시험이 가장 준비하기 힘든 과정이다. 하루 종일 수십여 장의 종이에 답안을 서술하는 논술형으로 문제에 대한 이론과 실제 경험 사례를 잘 작성해야만 고득점을 받을 수 있다. 하루에 볼펜 두세 자루를 소요할 만큼 고된 과정이다.

필기 시험을 통과하면 면접 시험을 본다. 면접 시험은 미리 수험자가 작성한 이력카드를 중심으로 진행한다. 이미 필기 시험을 통해 이론적인 부분은 습득한 상태이므로 자신의 경험을 잘 설명하면 무난하게 합격할 수 있다. 특히 중요한 점은 실무를 하면서 겪었던 사례를 충분히 밝히는 것이다.

성공적으로 기술사 자격을 취득하면 회사에서 대우가 달라지며 진정한 전문가로 인정받을 수 있다. 회사에서 인사 가점을 받을 수 있을 뿐만 아니라 프로젝트를 진행할 때 효과적으로 의견을 반영할 수 있고 때에 따라서는 프로젝트의 리더 역할을 할 수도 있다. 추후 전문가로 발돋움하기에는 기술사 자격 취득만큼 효과적인 방법이 없다.

프로젝트 관리 능력

'프로젝트'라는 용어를 들어본 사람은 많지만 정확하게 정의할 수 있는 사람은 드물다. 프로젝트는 사전적으로 "연구나 사업 또는 그 계획"을 뜻하지만 더 자세히 말하면 주어진 기간 내에 한정된 자원이나 인력을 활용하여 완수해야 하는 일이라고 정의할 수 있다. 이 정의에 따르면 우리 생활 속에서도 많은 프로젝트가 진행되거나 완료되고 있음을 알 수 있다. 특히 기업 입장에서 프로젝트는 새로운 사업이나 업무를 시작해서 이루어내야 하는 것으로 안정화되면 지속적으로 성과와 이윤을 창출해낼 수 있기에 매우 중요하다. 예를 들어 신규 공장을 짓는 프로젝트를 시작했을 때 잘 완수해야만 공장을 운영해 제품을 생산하고 판매할 수 있다.

기업이나 기관마다 상황이 다르지만 대부분 제대로 해낸 프로젝트가 성공적인 비즈니스로 이어질 수 있다. 아파트 또는 플랜트 건설 프로젝트를 주로 하는 건설 기업과 엔지니어링 기업은 프로젝트를 얼마나 잘 해내는지가 회사의 운명을 가르기도 한다. 물론 반도체, 식품 생산 등 지속적인 사업을 하는 기업도 새로운 비즈니스를 성공시키려면 프로젝트 착수부터 종료까지 제대로 진행해야 한다. 연구 과제와 실험을 전문으로 하는 연구소에서는 각 연구 과제가 프로젝트이다.

워낙 중요한 일이기에 어떤 기업이나 기관이든 프로젝트 관리를 전문적으로 하는 조직과 인력이 존재한다. 이들은 시간 관리, 원가 관리, 인적자원 관리 등 프로젝트 관리 항목을 세세하게 챙기면서 성공을 위해 노력한다. 이렇게 직접적으로 관여하는 조직과 인원도 중요하지만 프로젝트에 참여하는 모든 구성원이 프로젝트의 목적과 내용을 정확하게 이해하고 맡은 임무를 다해야만 성공시킬 수 있다. 프로젝트의 세부적인 부분을 담당하는 엔지니어도 프로젝트에 대해 잘 알아야 한다는 것이다. 프로젝트 관리가 비록 자신의 업무는 아니라도 배워두면 남보다 빠르게 프로젝트의 흐름을 이해할 수 있고 차후에는 리더인 프로젝트 관리자가 될 확률도 높아진다. 또한 업무나 일상적으로 하는 일에도 시작과 끝이 있는 프로젝트 성격이 많으므로 효율적이면서 좋은 성과를 낼 수 있다.

각 분야에 존재하는 프로젝트관리전문가는 일반 엔지니어로 시작해 직무 관련 전문가로 성장하다가 관리자가 되는 경우가 많다. 때에 따라서는 입사한 직후부터 프로젝트 코디네이터와 같은 직무를 맡아 프로젝트 관리자를 도와주는 역할을 할 수도 있다.

프로젝트 관리 기술을 전문적으로 배우고 싶은 사람에게는 프로젝트관리전문가 PMP, Project Management Professional 자격 취득을 권한다. 미국의 PMI Project Management Institute 라는 기관에서 주관하는 자격으로 프로젝트 관리 분야를 체계적으로 정립하고 관련 전문가를 양성하는 기관이다. 36개월 또는 4,500시간 이상의 프로젝트 업무를 수행한 경험이 있어야 응시할 수 있다. 여기서 말하는 프로젝트 경험은 거창하지 않더라도 어느 기업에서든 본인이 했던 프로젝트 성격을 지닌 업무를 의미한다.

더불어 35시간의 프로젝트 관리 교육을 들어야 한다. 회사에서 제공하는 교육과정에 있는 프로젝트 관리에 관한 교육을 수강해도 되고, 없는 경우에는 외부 기관에서 수강할 수 있다. 국가에서 일부 교육비를 지원해주는 재직자 교육과정도 있으니 잘 활용하면 된다.

출처 : PMI 웹사이트

이처럼 경력을 쌓고 별도 교육을 받으면 비로소 응시 자격이 주어진다. 시험은 PMBOK Project Management Body Of Knowledge 라는 일종의 프로젝트 관리 교과서를 기반으로 출제된다. 교육과정을 충실히 수강하고 3개월 내외로 수험서를 공부한 사람은 무난하게 취득할 수 있다.

프로젝트관리전문가 자격을 취득하면 회사에 따라서 수당을 지급하기도 하고 공신력 있는 해외 기관의 자격증도 보유하게 되므로 적극 권장한다.

평생 직업
만들기

과거에는 한 회사에서 충성을 다하면서 정년까지 마치는 안정된 직장을 최고라고 여겼다. 그러나 이러한 직장은 점점 줄어들고 있다. 실적을 제대로 내지 못하는 경우 회사 내에서 점점 자신의 입지가 약해질 것이고 기업 상황이 악화되면 최악의 경우 권고사직을 당할 수도 있다. 특히 지금처럼 기업의 지속 여부에 대한 불확실성이 높고 경쟁이 치열한 상황에서는 직장인 또한 영향을 받을 수밖에 없다.

이제는 평생 직장 대신 평생 직업을 고민해보아야 할 때다. 평생 직업을 가진다는 것은 독립된 전문가가 되어 어디에서든 역량을 발휘하고 인정받을 수 있다는 뜻이기 때문이다.

이직의 기술

이직도 취업 사이트 등에서 정보를 얻어서 준비한다. 다만 경력직의 경우 거의 직무 역량을 위주로 평가한다는 점이 다르다. 대학 시절 중요했던 학점이나 영어 점수 등은 경력직 채용에는 크게 영향을 주지 않는다. 경력직을 채용한다는 것은 말 그대로 경험을 가진 사람을 업무에 바로 활용하기 위해서이다.

경력을 위주로 채용하는 또 다른 방식이 있는데 바로 헤드헌팅이다. 헤드헌팅은 기업에서 인력 소개 업체나 전문가에게 의뢰해서 자신들에게 적합한 인재를 채용하는 방식이다. 기존 방식과 달리 경쟁이 치열하지 않으며, 실력 있고 커리어를 잘 관리해왔다면 일반 채용보다 훨씬 수월하게 입사할 수 있다. 요즘은 다양한 취업 사이트에 자기소개서를 입력할 수 있는 시스템이 있으므로 역량을 중심으로 작성한 이력서와 자기소개서를 올려두면 헤드헌터가 연락해 이직을 진행한다. 헤드헌터는 우수한 인재를 찾아 입사시켜주면 상당한 금액의 보상을 받기 때문에 적합한 사람만 있다면 적극적으로 도와준다. 서류부터 면접까지 자신이 보유하고 있는 역량을 충분히 발휘할 수 있게 상세한 코칭을 해주는 것이다.

경력직 채용 절차는 신입 사원 채용과 별반 다르지 않지만 준비하는 방식이 다르다.

경력직 서류 전형

서류 전형에서 요구하는 자기소개서는 철저히 기업이 원하는 직무에 적합하도록 작성해야 한다. 공정설계 엔지니어 채용 공고를 예시로 들면 다음과 같다.

ASU(Air Separation Unit) 플랜트 공정설계 및 최적화 업무 수행 가능자

- 산업용 가스 분리 공정설계 가능자
- 공정 시뮬레이션 프로그램 활용 가능자(ASPEN Plus, gPROMS)
- 공정설계 성과물 작성 가능자(P&ID, PFD, H&MB 등)
- 기술 경제성 분석 업무 수행 경험자
- 화학물질 물성 및 열역학 모델링 가능자

이 분야에 종사하지 않는 일반인이라면 알아듣기 어려울 정도로 상당히 구체적인 직무 능력을 요구하고 있다. ASU는 공기 중에 있는 질소, 산소, 아르곤 등을 극저온 증류 과정을 통해

각각 분리해내는 플랜트 공정으로 고순도의 가스가 필요한 반도체나 디스플레이 분야에서 많이 활용된다. 워낙 구체적인 업무들이라서 직접적인 경험을 보유하지는 않았어도 자기소개서에는 다음 예시와 같이 직무에 맞춰 자신의 역량을 최대한 보여주어야 한다.

---

1. 가스 및 원유 플랜트 공정설계 책임 엔지니어(경력 10년 4개월)
  - 공정배관계장도(P&ID), 데이터시트, 시뮬레이션(H&MB) 수행 능력
  - 초기 FEED(개념설계)부터 최종 시운전 단계까지 참여 경험
  - 산업용 가스 생산 공정과 유사한 천연가스 액화/냉매 공정 설계 경험
  - 엔지니어링사 수행 결과물 감리 경험

2. 화공기술사 보유를 통한 화학공학 전반에 대한 전문 지식 보유

3. 국제기술사 보유를 통한 해외 프로젝트 업무의 전문적 수행 가능

4. 프로젝트관리전문가(PMP) 자격 보유를 통한 프로젝트 관리 지식 및 경험

---

5. LNG 액화 및 냉매 공정 등 가스 공정의 전문적인 지식 및 실무 경험 보유

6. 산업용 가스 관련 공기 전처리, 극저온 증류&액화공정 (ASU)에 대한 전문 지식 보유

7. 공정시스템공학 관련 석사과정을 통한 공정 시스템 최적화 기법 지식 및 경험 보유(플랜트의 비용 절감 및 효율 증대)

8. 공정설계 관련 전문가 교육 수료

9. HYSYS, FLARENET, LNG 플랜트 공정설계 교육, gPROMS 등

위의 자기소개서는 대부분 요구하고 있는 직무에 적합해 보이지만, 정작 ASU 플랜트를 직접 다루어본 경험은 적혀 있지 않다. 대신 이와 비슷한 액화천연가스 공정 플랜트를 다루어봤다고 쓰여 있으므로 기업 입장에서는 지원자가 충분히 관련 직무를 할 수 있다고 판단한다. 실제로 이 자기소개서는 무난하게 서류 전형을 통과했으며 지원자는 다양한 면접 과정을 진행하고 최종 합격했다.

경력직 면접 전형

서류 전형을 통과하면 면접을 본다. 신입 사원 채용 면접 과정과 유사하나 서류 전형과 마찬가지로 상당히 구체적인 역량 위주의 검증을 거친다.

경력직 채용 면접은 그동안의 업무 수행 경험과 역량을 보여주는 직무 프리젠테이션을 우선적으로 실시한다. 자기소개서에 녹여냈던 내용을 면접관 앞에서 설명하는 것이다. 신입 공채 때는 짧게 진행하지만 경력직 직무 프리젠테이션은 길면 한 시간 이상 소요되는 경우가 많다. 지원자가 직무 프리젠테이션을 10~20분 정도 한 뒤 면접관이 궁금한 사항을 꼬리에 꼬리를 물고 질문하기 때문에 시간이 어떻게 흘러갔는지도 모를 정도로 쉽지 않다. 그러나 직무에 대한 확신이 있고 그동안의 경험과 보유한 역량을 논리적으로 잘 표현한다면 일부 질문에 대답하지 못하더라도 성공적으로 면접을 마칠 수 있다.

직무 관련 면접을 마친 뒤에는 보통 인성 면접을 실시한다. 인성 면접은 관련 인사 전문가가 할 수도 있고 함께 일할 부서의 직원이 하는 경우도 있다. 인사 전문가는 오랜 기간 다양한 사람을 만나봤기 때문에 사람의 인상만 봐도 어떠한 성향인지 파악할 정도다. 자신의 단점을 숨기는 등의 답변은 하지 말고 솔직하게 마음에서 우러나오는 이야기를 해야 한다.

사실상 인사 전문가와의 면접보다 해당 부서 직원과 하는 면접이 더 어려울 수 있다. 편안한 분위기에서 이야기할 수 있도록 도와주며 인간적인 이야기를 나누는 편이지만 기업마다 인재상이 다르듯이 이러한 과정을 통해 지원자가 함께 일할 만한 동료인지를 파악하기 때문이다. 이때도 진솔하게 자신 있는 태도로 답한다면 대부분의 경우 인성 면접 때문에 불합격할 확률은 낮다.

역량 면접과 인성 면접을 마무리하면 최종적으로는 경영진 면접이 기다리고 있다. 경영진 면접은 그 기업에서 오래도록 근무하고 중추적인 자리를 맡고 있는 사람들인만큼 지원자가 기업에서 일하기 적합한지를 위주로 확인한다. 주로 회사에 대한 충성도를 헤아릴 수 있는 질문을 한다. 야근을 해야 하는 경우가 많은데 괜찮은지, 기존 회사에서 이직을 하는 사유가 무엇인지 등 역량 면접에 비해 대답하기 어려운 질문이 많다. 또한 경영진은 책임감을 중시하므로 본인이 지원 기업에 기여할 수 있는 부분을 강조해서 대답한다면 좋은 결과를 얻을 수 있다.

이렇게 보면 서류부터 면접까지 신입 공채에 비해 좀 더 전문성을 요구하는 것 외에는 큰 차이가 없어 보일 수 있다. 경력직 채용에서 가장 중요한 점은 바로 지원자의 내공을 보여주는 것이다. 커리어를 장기적인 관점에서 신입 사원 시절부터 철저하게 관리해 남보다 뛰어난 역량을 가져야 한다는 의미이다. 이는 곧 자신이 원하는 기업을 선택할 수 있는 기반이 된다.

회사 내
직무 변경

일하다 보면 회사에서 맡은 직무가 자신과 맞지 않거나 동료들과의 인간관계에서 어려움을 느낄 수 있다. 수년간 일하면서 회사에 완벽히 적응했는데 힘들게 이직해서 새 출발하기에는 부담스럽고, 뭔가 새로운 일을 해보고 싶은 경우에는 회사 내 순환 근무 등을 활용하여 직무 변경을 시도해볼 수 있다. 예를 들어 설계직무는 꼼꼼하고 머리를 많이 써야 하는 데다 현장 사람들과 많이 부딪치는 업무여서 성격 상 맞지 않는 경우가 있다. 외향적이고 사람을 만나는 것, 새로운 일을 추진하는 것을 좋아하는 사람은 프로젝트 관리나 기획 업무가 적성에 맞을 수 있다. 설계직무를 하면서 배웠던 지식과 경험을 활용하여 관련 프로젝트를 지휘하는 역할을 할 수 있으므로 일취월장하는 기회가 되기도 한다.

부서 내 상사, 동료들과 성격이나 업무 스타일이 너무 달라 감정의 골이 깊어진 경우도 있다. 결국 일은 사람과 사람이 만나 하는 것이기에 서로 너무 맞지 않으면 일이 제대로 될 리가 없다. 최악의 경우 이직을 고려해야겠지만 만약 자신이 다니는 회사의 전반적인 조직 문화나 처우가 좋아서 이직은 원하지 않을 때 과감하게 부서장이나 인사부서와 논의하여 부서를 바꿔보는 것을 추천한다.

회사에 수년간 다녔고 충분한 능력을 펼치고 있으나 반복되는 업무로 매너리즘에 빠져 새로운 전환을 하고 싶은 경우에도 직무 변경을 하면 좋다. 또한 부서 내 진급을 하지 못하는 사람이 누적되어 있어 자신이 성장하는 데 무리가 있다고 판단될 때도 검토해볼 만하다.

4장
취특
올킬

취업 고민을
해결하는 법

당장 취업을 앞두고 있는 공대생이라면 학부를 졸업하고 바로 취업할지 또는 대학원을 가야 할지 하는 고민부터 성공적인 취업을 하려면 어떻게 해야 할지 많은 고민을 한다. 수많은 과정을 거쳐 취업에 성공한 뒤에는 직장에서 어떻게 커리어를 발전시켜 나가야 할지 또다시 고민한다. 그리고 직장에서 원하는 목표와 방향이 자신이 추구하는 바와 너무 달라 이직을 생각할 수도 있다.

이 장에서는 재학생 및 취업 준비생, 사회 초년생을 대상으로 멘토링을 진행하면서 자주 받았던 취업 관련 질문과 그에 대한 답변을 소개한다.

Q. 대학원 진학을 고민하고 있습니다. 대학원에서는 특정 연구 분야를 선택해야 하는데 어떻게 선정하는 것이 좋을까요? 연구 분야 선정 시 확신과 기준이 있어야 할까요?

A. 지금처럼 취업이 힘든 시기에는 차라리 대학원에 진학하여 스펙과 역량을 추가로 쌓는 게 나을지 고민하는 학생이 많습니다. 대학원은 단순히 취업을 위한 역량을 쌓는 곳이 아니므로 해당 분야에 정말 관심이 있고 공부하고 싶은 사람이 진학해야 합니다. 연구가 주목적이 아닌데 대학원에 진학하면 힘들기만 하고 도리어 실망하는 경우가 많습니다.

만약 대학 졸업을 앞두고 연구가 적성에 맞지 않아 취업했더라도 충분히 대학원에 진학하여 연구할 수 있습니다. 오히려 실무를 하면서 연구하고 싶은 열망이 생기기도 하니까요. 이때 대학원에 진학하면 자신이 원하는 연구를 즐겁게 할 수 있고 본인의 역량을 크게 높이는 기회가 될 수 있습니다.

취업을 해야 할지 연구를 해야 할지 고민이 된다면 관심 있는 분야의 기업이나 연구원에서 인턴을 경험해보길 추천합니다. 지금 대학원생이라면 이미 특정 분야에 발을 디딘 상태인데요, 아직 석사과정이어서 깊이 있게 연구 분야를 파고든 정도가 아니면 각종 학회와 세미나 참석, 논문 발표, 그리고 교수님이나 전문가의 조언을 들으면서 가장 재밌고 잘할 수 있는 분야가 무엇인지 찾는 게 좋겠습니다.

Q. 저는 아직 대학 2학년입니다. 선배들을 보면 취업이 정말 힘든 것 같은데 어떤 역량을 쌓아야 할지 고민입니다.

A. 취업 경쟁이 점점 치열해지면서 지원자의 스펙과 실력도 함께 높아지고 있습니다. 기본적으로 취업에 도움되는 일반적인 역량인 영어(점수 및 실전 회화), 관련 자격증(기사 이상) 취득을 위해 노력해야겠지요.

무엇보다 남들과 차별화되는 역량을 쌓아야 합니다. 2학년이라면 이제 본격적으로 전공을 배우기 시작할 겁니다. 우선 많은 전공과목 중에서 자신이 추후 진출하고 싶은 분야와 연관된 과목을 위주로 수강하면 좋습니다. 한 전공 안에서 또다시 세부적인 전공으로 나뉘기 때문입니다. 동시에 친구들과 함께 대내외 공모전, 경시대회에 도전하거나 방학 기간을 이용해 인턴 활동을 하면 좋겠습니다.

이런 경험과 활동을 하다 보면 대학에서의 시간은 금방 흐

릅니다. 시간을 관리하는 자신만의 효율적인 방법을 찾아 적용하는 연습도 필요합니다.

Q. 많은 기업에서 수시 채용이나 인턴 채용연계형을 늘리고 있는 것 같습니다. 매우 불확실한 상황인데요. 중소기업이나 스타트업에 취업하여 경력을 쌓아갈지, 아니면 안정적인 대기업에 취업해야만 할지 고민입니다.

A. 솔직히 말씀드리면 기업에 취업하는 경우 첫 직장이 자신의 커리어에 상당히 중요합니다. 사람의 성향에 따라 다르겠지만, 중소기업이나 스타트업은 아무래도 모험적이고 불안정하기 때문에 스트레스가 심할 수 있지요. 그러나 해당 일에 열정이 있고 주도적으로 일하는 데 자신 있다면 첫 직장으로 선택하는 것도 좋습니다.

실제 제가 대기업의 신입 사원이었을 때 동기 중 한 명이 '나는 큰 기업의 부속품이 아니라 주도적으로 헤쳐나가는 일을 하고 싶다'며 몇 개월 만에 그만두고 스타트업으로 이직했습니다. 그분의 훗날은 모르지만 많은 고민 끝에 결정을 내렸고 의지가 충분했기에 원하는 삶을 살고 있을 거라고 생각합니다.

모든 일에는 정답이 없고 운도 따라야 하며 성패를 예측하기 어렵지만, 본인의 현재 상황과 적성 및 성향을 고려해 선택하기 바랍니다.

Q. 졸업 후에 일단 대학원 진학을 고려하고 있지만 잘할 수 있을지 걱정이 됩니다. 어떠한 계기로 대학원에 진학했는지, 그러기 위해 무엇을 준비해야 하는지 궁금합니다.

A. 저는 대학 학부 졸업 후 바로 취업해서 일하다가 대학원에 진학했습니다. 업무를 진행하며 좀 더 심층적으로 공부해보고 싶은 분야가 생겨서 제가 먼저 경영진에게 회사에 도움이 되는 연구를 하겠다고 제안했습니다.

취업을 하든 대학원을 가든 성격은 다르지만 극복해야 할 것이 많습니다. 다만 어떤 경우든 확신이 있고 연구를 즐길 수 있는 마음가짐이 있다면 잘해낼 수 있을 겁니다. 대학원에 진학하고 싶다면 본인의 관심 분야를 좁혀나간 후 해당 분야의 교수님을 자주 찾아가서 실제로 무엇을 하는지 알아보세요. 그에 따른 해당 분야 과목을 수강하되 학점을 잘 받아야 하며, 기본적인 영어 실력 등을 갖추는 것이 좋습니다.

Q. 석사학위만 소지하고 있어도 연구 개발 업무에서 주축이 될 수 있을지 궁금합니다. 혹은 공학 석사학위만 소지하고 있더라도 연구 개발을 수행할 수 있는 직무가 있을까요?

A. 정부출연연구기관의 연구원 모집 요강에는 석사학위 이상을 요구하나 박사학위 소지자가 지원하는 경우가 많고, 아무래도 연구 성과 측면에서는 석사학위 소지자와 비교될 수밖에 없습니다. 기업은 연구소나 관련 부서가 있는 경우 석사학위를 가지고 있으면 대부분 연구 개발 부서로 가지만, 결국에는 부족함을 느끼고 박사학위까지 취득하는 사람이 많습니다. 회사에서 국내외 학위과정을 지원해주기도 하고 파트타임으로 할 수도 있습니다.

전공과 관련 없이 석사학위만으로 할 수 있는 연구개발직무를 예로 들면, 특정 기술을 전공했지만 '에너지 전 분야'를 모집하는 경우처럼 대부분의 공학 관련 전공자는 지원할 수 있습니다. 이러한 경우 경쟁률이 높고 전공 외에 관련 지식과 경험(대외 활동), 자격증 등을 보유해야 경쟁자보다 더 돋보일 수 있을 겁니다. 전공 외에도 더불어 시너지를 낼 수 있는 자신만의 무기를 만들면 좋습니다.

Q. 방학 때 인턴을 하려고 합니다. 중소기업, 대기업, 정부출연 연구기관까지 정말 다양한 기회가 있는데 어떤 것을 선택하면 좋을까요?

A. 요즘 인턴 기회는 다양하지만 사실상 선발되기도 어렵습니다. 채용하는 인원이 한정되어 있을뿐더러 채용연계형 인턴은 취업과 버금갈 정도로 엄격한 절차를 거치니까요. 그렇다고 자신이 원하는 직무와 너무 동떨어진 인턴 활동은 부적절합니다. 이제는 직장보다 직무를 잘 선택해서 전문가가 되어 활약하는 것이 더 나은 시대인 만큼 인턴 또한 최소 관심 있는 분야에 지원하는 것이 좋습니다.

종류별 인턴의 특성을 살펴볼까요? 중소기업이나 스타트업은 아무래도 인원이 적고 사업도 신생인 경우가 많으므로 다양하면서도 불확실한 업무를 할 가능성이 높습니다. 가능하면 지원하기 전에 해당 기업에 문의해서 인턴 업무와 직무에 대해 알아보는 것을 추천합니다. 대기업 인턴은 꽤 엄격한 절차를 거쳐 선정하기 때문에 서류 전형 통과도 쉽지 않습니다. 대기업 인턴 역시 직무를 잘 살펴보고 지원해야 합니다.

정부출연연구기관은 대기업보다는 많은 인턴 자리를 제공

합니다. 보통 연구원에서 인턴 채용을 많이 하는데, 연구 분야가 다양하다 보니 학생들은 자신이 무엇을 원하는지 잘 모르는 경우가 많습니다. 아무리 대기업보다는 기회가 많다고 하더라도 점차 경쟁이 치열해지고 있기 때문에 자기소개서에는 해당 연구원의 모집 분야에 대한 내용을 위주로 적는 것이 좋습니다. 한 가지 팁을 드리자면 채용하는 직무는 이산화탄소 포집 실험처럼 상당히 구체적인 편입니다. 해당 분야 연구원의 기사를 찾아보거나 홈페이지에서 담당자를 찾아 그분의 연구 성과를 검토해보고, 직접 연락해서 본인의 관심사를 피력하면 더욱 좋습니다.

비록 수개월간의 짧은 인턴 기간이지만 관심 있는 곳에 지원할수록 좋으니 모든 방법을 동원하여 확률을 높여야 합니다. 대부분의 경우 이렇게까지 하는 사람은 없으므로 남들과 차별화될 수 있는 방안이기도 합니다.

Q. 공학을 전공으로 선택했지만 적성에 잘 맞지 않고 문과계열이 잘 맞는 것 같습니다. 무슨 직업을 선택하면 좋을까요?

A. 공학을 전공했지만 전공과목을 듣다 보니 공학 원리나 계

산 등에 도저히 정을 붙일 수 없고, 이러한 일을 할 수 있을까 의문이 들면 힘들지요. 당장 학점은 그럭저럭 잘 받아놓았다지만 '앞으로 수십 년간 공학과 관련된 일을 할 수 있을까'라는 불안감이 들 수도 있고요.

다행히 공대생도 문과와 관련된 업무를 할 수 있습니다. 사실 공대생이라도 회사에 들어가면 자신의 전공을 제대로 살리기 쉽지 않습니다. 이 점은 공학이 맞지 않는 사람에게는 오히려 희망적인 이야기일 것입니다. 순수하게 개발자 또는 엔지니어 직무를 맡게 된다면 공학에 대한 적성이 중요할 수 있지만, 공대생이 맡을 수 있는 직무는 무궁무진합니다. 기술영업은 공학적인 지식을 기반으로 판매할 기술을 잘 영업해야 하고, 그 기술을 구매하려는 사람을 설득해야 하므로 오히려 마음을 움직이는 문과 감성이 더 필요할 수도 있습니다. 기술기획은 계산하고 공식을 푸는 일보다 기업의 성장을 위해 필요한 기술을 창출하는 기획을 위주로 수행합니다.

이미 늦었다고 생각할 수 있지만 자신의 강점을 잘 설명한다면 공학 전공과 문과 성향이 어우러지는 직무를 수행할 수 있으므로 이러한 일을 할 수 있는 곳을 위주로 찾아보세요.

Q. 4학년이 되었지만 학점, 영어, 자격증 등 할 일이 너무 많아서 어느 하나 제대로 손에 잡히지 않습니다. 어떻게 해야 할까요?

A. 4학년이라면 필요한 학점은 어느 정도 채운 상태겠지만 1년밖에 남지 않은 졸업 때문에 불안해하는 사람들이 꽤 있습니다. 마음이 편하지 않으니 뭘 해도 손에 잡히지 않을 테고요. 지난 시간 동안 뭔가 이루어낸 것이 없다고 느끼면 더욱 불안할 수밖에 없습니다.

이러한 경우에는 가능하면 '선택과 집중' 전략을 취하세요. 다양한 일을 한꺼번에 처리하려고 하기보다는 한 가지만을 선택하여 모든 힘을 기울이는 것입니다. 4학년이면 학점 때문에 고생할 일은 적을 테니 남은 시간은 토익 시험 고득점 획득이든 자격증 취득이든 한 가지를 붙잡고 노력하는 것이 좋습니다. 여러 가지를 한꺼번에 하다가 모두 놓치기 쉬우므로 목표를 정하고 자신의 모든 에너지를 쏟아야겠지요. 당장 마음을 다잡고 학습 방향을 세워서 실행하면 단기간에 좋은 성과를 얻을 수 있습니다.

Q. 안정적인 직장을 위해 공기업이나 공공기관을 목표로 하고 있습니다. 어떻게 준비하면 좋을까요?

A. 공기업이나 공공기관 취업에서 중요한 취업 요건은 NCS와 자격증입니다. NCS는 기관별·기업별로 출제 경향이 상당히 다르나 공통적으로 중요한 사항은 바로 순발력입니다. 대부분의 NCS는 시간이 매우 촉박하여 모든 문제를 제대로 풀기가 어렵습니다. 많은 수험자가 느끼는 애로 사항입니다. 시중에 나와 있는 다양한 문제집을 풀어보면서 훈련해야 합니다. 또한 기관별·기업별 NCS의 특징을 면밀히 파악하여 맞춤형으로 준비하세요.

자격증은 보유 자체로 인정받기 때문에 지원하기 전에 취득만 하면 됩니다. 특히 가산점을 주는 공공기관은 기관별로 자격증에 따라 점수가 다르므로 자신이 원하는 기관을 몇 군데 추린 뒤 최대한 여러 곳에서 가산점을 받을 수 있는 자격증을 취득하는 것이 좋습니다.

NCS와 서류 전형을 통과하면 치르는 면접 전형은 만능 해법이 없지만, 취업 사이트에서 합격자들의 면접 후기를 읽어보고 활용하는 방법이 있습니다. 다만 단기적인 면접 준비만으로는 한계가 있으니 대학을 다니는 동안 관련 직무를 체험할 수 있는 인턴이나 실습생 활동을 해두세요.

Q. 대기업을 위주로 지원할지 스타트업을 위주로 지원할지 고민입니다.

A. 비교적 안정적이면서 적지 않은 보수를 주는 대기업에 갈지, 불확실성이 크고 일이 많아 고생스러울 수도 있지만 잠재력이 큰 스타트업에 갈지는 자주 듣는 고민입니다.

바이오나 IT 분야에 특히 스타트업이 많은데 둘 다 언급한 대로 장단점이 있습니다. 정답은 없으니 최대한 자신의 성향에 맞춰서 선택하라고 권하고 싶습니다. 안정적인 것을 추구하는 성격인데 스타트업에 가면 힘들 것이고, 반대로 일을 매우 주도적으로 하는 성격인데 대기업에서 적극적으로 일을 만들어 추진하기는 쉽지 않아 답답할 수 있습니다.

기업 문화도 대기업은 수직적, 스타트업은 수평적이라고 합니다. 그러나 스타트업에 소위 젊은 꼰대가 있을 수 있고 대기업에서도 충분히 원하는 일을 추진해볼 수 있습니다.

이럴 때 성향에 맞는 곳에서 인턴 활동을 하는 것을 추천합

니다. 직접 체험하는 것만큼 좋은 방법은 없으며 인턴 경험이
자신의 생각을 바꾸어놓을 수도 있으니까요.

Q. 외국어 준비는 어떻게 하는 것이 좋을까요?

A. 영어와 관련한 토익과 스피킹 시험은 필수이며 중국어나 일
본어는 제2외국어로 갖추면 좋다는 것은 모두 알고 있습니다.
영어 시험은 말 그대로 시험이므로 일타강사의 강의를 수강하
여 기술적인 부분을 잘 습득해서 단기간에 고득점을 얻는 것이
좋습니다. 오랜 시간 시험을 준비하면 지칠 뿐만 아니라 매너리
즘에 빠질 수 있기 때문입니다.

이러한 시험 외에 외국어는 말하기와 쓰기를 준비해야 합
니다. 일상생활은 물론 회사에서 활용할 수 있는 실전 영어가
중요합니다. 당장 외국인 고객이나 동료와 말할 수 있는 회화
실력, 당장 영어로 레터나 문서를 작성하는 능력은 하루아침에
생기지 않습니다.

따로 준비하기보다 온오프라인으로 외국인 친구를 사귀거
나 자신의 취미와 연관 지어 자연스럽게 영어를 공부해보세요.
이렇게 준비하면 당장 취업과 관련 없더라도 일상 속 스트레스

를 풀 수 있는 방법이 될 뿐만 아니라 앞으로 살아가는 데 유용한 밑거름이 될 것입니다.

Q. 수십 군데의 기업에 서류를 제출하였으나 계속 탈락하고 있습니다. 어떻게 해야 성공할 수 있을까요?

A. 아무리 칠전팔기라는 말이 있고 계속 노력하면 이루어지지 않을 일은 없다고 하지만 정작 취업 준비생은 탈락 소식을 들을 때마다 마음이 무너지고 위축되겠지요. 서류를 정성껏 제출했는데도 떨어진다면 스펙이나 직무 경험을 보강하는 동시에 자기소개서를 다시 작성해보세요. 사람은 자신이 하던 대로 계속하려는 관성이 있으므로 제3자의 조언이나 코칭을 받아 개선해야 합니다.

또 다른 대안은 바로 직업적 관점을 바꾸는 것입니다. 남들도 다 아는 기업 대신에 일반적으로 잘 알려지지는 않았지만 매우 탄탄한 외국계 기업에 지원해보는 것이지요. 외국계 기업은 스펙보다도 직무를 중시하는 경우가 많으니 관련 경험을 좀 더 어필해야 합니다. 기업뿐만 아니라 자신의 강점을 좀 더 살릴 수 있는 다른 직무를 선택해보는 것도 좋습니다.

Q. 학교에서 복수전공을 하면 이점이 있을까요?

A. 진심으로 다른 전공에 관심이 있어서 복수전공을 하는 경우가 아니라 스펙을 위해서 하는 것이라면 권장하고 싶지는 않습니다. 실제 기업에 취업할 때 복수전공은 그렇게 큰 효과가 없습니다. 게다가 복수전공을 하느라 학점 관리가 제대로 안 된다면 안 하느니만 못하고요.

두 가지 전공에 모두 흥미가 있고 꼭 하고 싶은 경우가 아니라면 본인이 선택한 전공에 집중하는 것이 좋겠습니다. 만약 전공이 적성에 맞지 않아서 고민이라면 복수전공보다는 차라리 전공을 바꾸는 전과를 하는 것이 더 낫습니다.

Q. 안정적인 기업에 취업했지만 정말 가고 싶은 곳은 아닙니다. 이직을 준비해야 할지 고민이에요.

A. 불안한 마음에 일단은 어느 곳이든 들어가자라는 심정으로 취업하는 경우가 많습니다. 하지만 꽤 많은 사람이 아무리 안정적이거나 성장성이 돋보이는 기업에 들어갔더라도 얼마 버티지 못하고 자신이 하고 싶은 일을 하러 나오곤 합니다.

대학 시절에는 불안한 마음에 취업만을 목표로 할 수 있으나 전체 인생을 놓고 보면 정말 짧은 기간입니다. 수십 년간 인생의 30퍼센트 이상을 보내게 되는 회사를 억지로 다닐 수는 없습니다. 당장 조급한 마음은 내려두고 가능하면 자신이 즐길 수 있는 직무, 배우고 싶은 의지가 있는 직무를 위주로 다시 생각해보세요.

아무리 안정적인 기업이라도 자신에게 맞지 않으면 남은 인생을 불행하게 살 수 있습니다. 안정적인 삶보다는 자신의 일과 삶을 즐길 수 있는 곳을 선택하기 바랍니다.

Q. 취업한 회사의 분위기가 너무 보수적이고 엄격해서 답답합니다. 어떻게 적응해야 할지 막막합니다.

A. 꿈에 그리던 곳에 취업했지만 기대했던 것과 많이 달라서 실망하고 힘들어하는 경우가 종종 있습니다. 요즘은 여러 취업 사이트에서 기업의 분위기를 미리 파악하기도 하지만 막상 현실에 부딪치면 다르기도 하고요.

그러나 어느 회사든지 자신의 기대에 부응하거나 그 이상 만족하는 경우는 흔하지 않으므로 초기에는 힘들어도 최대한 적응하려고 노력하는 것이 좋습니다. '다 거기서 거기'라는 말이 있듯이 말이지요.

　그럼에도 도저히 적응하기 어렵다면 우선 상사나 관리자와 상담해보고, 그래도 해결되지 않으면 더 이상 감정을 강요당하지 말고 다른 부서로 이동하거나 회사를 옮겨야 합니다.

공대생을 위한 취업특급

1판 1쇄 인쇄 | 2022년 5월 3일
1판 1쇄 발행 | 2022년 5월 10일

지은이 | 박정호
펴낸이 | 박남주
편집자 | 박지연
펴낸곳 | 플루토
출판등록 | 2014년 9월 11일 제2014-61호

주소 | 04083 서울특별시 마포구 성지5길 5-15 벤처빌딩 206호
전화 | 070-4234-5134
팩스 | 0303-3441-5134
전자우편 | theplutobooker@gmail.com

ISBN 979-11-88569-35-9 03530